LUFTBETANKUNG

WELTWEIT

Ugo Vicenzi

Motor buch Verlag

Einbandgestaltung: Joachim Schreiber

Bildnachweis: Soweit nicht anders vermerkt, stammen die Bilder vom Autor bzw. aus dessen Archiv.

ISBN 978-3-613-04633-7

Sie finden uns im Internet unter
www.motorbuch-verlag.de

1. Auflage 2024

Lektorat: Günther Nord
Innengestaltung: Günther Nord, Heddesbach
Druck und Bindung: DZS GRAFIK d.o.o, 1210 Ljubljana, Slovenia
Printed in in Slovenia

Inhalt

Eine Anmerkung zum Begriff »Tanken«

Im britischen Englisch wird der Begriff häufig als »Refuelling« verwendet, da das berühmte, von Sir Alan Cobham gegründete Unternehmen »Flight Refuelling Ltd« hieß. In diesem Buch wird die US-amerikanische Version von »Refueling« durchgängig übernommen, selbst bei der Umbenennung von Sir Cobhams Unternehmen.

Einführung

Als Wesley May im Jahre 1921 sein berühmtes Kunststück vollführte, mit einem Benzinkanister auf dem Rücken von einem Flugzeug auf ein anderes zu springen, ahnte er wahrscheinlich nicht, dass seine gewagte Zirkusvorstellung für die Luftstreitkräfte vieler Nationen von entscheidender Bedeutung werden würde.

Die Luftbetankung eines Flugzeugs und die damit verbundene Vergrößerung der Reichweite, die zunächst bei Bombern und später bei taktischen und Aufklärungsflugzeugen zum Einsatz kam, entwickelte sich zu dem so dringend benötigten »Kampfkraft-Multiplikator«.

Bei den derzeitigen regionalen Konflikten geht es oft um Entfernungen, die von taktischen Flugzeugen nicht überbrückt werden können, so dass zum Zeitpunkt der Erstellung dieses Berichts nicht weniger als 34 Luftstreitkräfte über eine kleine, aber effiziente Anzahl von Tankflugzeugen verfügen und weitere sechs Nationen kurz vor der Aufnahme ihres ersten Luftbetankungsdienstes stehen.

Der Bedarf an Luftbetankung hat Privatunternehmen dazu veranlasst, den Luftstreitkräften vieler Nationen in großem Ausmaß Betankungsdienste anzubieten. Allerdings muss bei dieser internationalen Zusammenarbeit ein hohes Vertrauenspotential gegeben sein.

Heutige Tankflugzeuge sind keine hochspezialisierten Flugzeuge mehr. Sie können die Doppelfunktion eines Tankflugzeugs und eines Transporters übernehmen. Für Staaten, die diese Kapazität aufgrund von Haushaltskürzungen nicht mehr nutzen können, wird nun die Wiedereinführung der Luftbetankung zu einem primären strategischen Ziel. Auch die automatisierte Luftbetankung durch unbemannte Luftfahrzeuge ist bereits Realität. Zweifellos wird diese wichtige Fähigkeit noch sehr lange bestehen bleiben.

In diesem Buch habe ich versucht, die Geschichte der Luftbetankung zu erzählen, indem ich die verschiedenen Meilensteine der Entwicklung und technischen Methoden vorstelle. Ein großer Abschnitt gibt einen Überblick über alle Einheiten der Luftstreitkräfte, die Luftbetankung betreiben, während ein anderer Abschnitt die einzelnen, aktuell wichtigen Tankflugzeuge beschreibt.

Tankflugzeuge und deren Besatzungen wecken nicht die gleichen Emotionen, die gleiche Aufmerksamkeit und Nostalgie wie Kampfflugzeuge und Bomber; ihre Arbeit liegt fast immer im Dunkeln und wird manchmal durch die Leistungen ihrer Empfänger in den Hintergrund gedrängt. Wenn mit Hilfe der Luftbetankung ein Rekordflug erzielt wird, gehen die Lorbeeren ausnahmslos an die Empfängerbesatzung, während die Tankflugzeuge einfach nur ihre Arbeit machen.

Im Jahre 1990 druckte die USAF eine Broschüre mit dem Titel »Global Reach – Global Power« (Globale Reichweite – Globale Macht). Zum ersten Mal wurden die 2.000 unsichtbaren Männer und ihre 500 unspektakulären Flugzeuge erwähnt, die es immerhin einer Nation ermöglichen, überhaupt eine herausragende Luftwaffe zu haben.

Ich hoffe, dass ich all diese unsichtbaren Männer und Flugzeuge in meinen Nachforschungen erwähnen kann. Nur einige Zahlen mögen eine Vorstellung von der unsichtbaren Arbeit geben: Während der Operation Wüstensturm gab es über 15.000 Tankereinsätze, über 350 pro Tag und 45.000 Tankkontakte. Herausragende Zahlen für herausragende Flieger und Flugzeuge.

Meine Vorliebe für Transporter und Tankflugzeuge begann, als ich als Schuljunge bei einer Flugshow simulierte Tankvorgänge beobachtete. Als ich schließlich bei einigen Luftbetankungseinsätze mitfliegen konnte, erfüllte ich mir einen lang ersehnten Traum.

Ich hoffe, dass die Leser etwas von der Leidenschaft teilen können, die ich bei diesem faszinierenden Thema immer empfunden habe.

Ugo Vicenzi

»Ohne Tankerbenzin geht nichts« ist ein typischer Satz des mit der Luftbetankung vertrauten Personals der United States Air Force. Die Notwendigkeit, Streitkräfte weit entfernt von ihren Basen zu stationieren, war der Auslöser für den unvermeidlichen Bedarf an Luftbetankung.

Die Frage der Luftbetankung

Flugzeuge haben ein schwieriges Verhältnis zum Treibstoff: Um die Reichweite zu erhöhen, brauchen sie mehr Treibstoff, wenn sie mehr Treibstoff brauchen, benötigen sie eine größere Struktur, eine größere Struktur erfordert mehr Gewicht, mehr Gewicht erfordert stärkere Triebwerke, diese sind schwerer. Dieser Teufelskreis scheint unaufhaltsam: Mehr Gewicht erfordert mehr Treibstoff, je mehr Treibstoff vorhanden ist, desto weniger Nutzlast kann transportiert werden.

Abgesehen vom Einsatz eines Flugzeugs für Dauertests oder Rekorde, kann die Nutzlast nicht auf ein Minimum reduziert werden. Sie ist ein wichtiger Faktor der Nutzbarkeit eines Flugzeugs. Dieser Wettlauf endet, wenn Treibstoff benötigt wird, um mehr Treibstoff zu transportieren. An dieser Stelle wird Luftbetankung erforderlich.

Die praktische Anwendung der Luftbetankung wurde den Luftstreitkräften der Vereinigten Staaten, Großbritannien und der Sowjetunion bereits vor dem Zweiten Weltkrieg gezeigt. Aber den positiven Präsentationen folgte nie die Anwendung des Konzepts. Selbst der Zweite Weltkrieg führte nicht zu einer Massenanwendung der Luftbetankung. Europäische Ziele konnten von Bombern mit ihren internen Treibstofftanks erreicht werden. Für einige Zeit besaßen deren Begleitjäger oder Aufklärungsflugzeuge nicht genügend Reichweite, aber das Aufkommen von Langstreckenjägern wie der P-51 und P-38 löste das Problem. Auf dem asiatischen Kriegsschauplatz gab es vergleichbare Probleme. Die Ziele in Japan lagen zunächst außerhalb der Reichweite der Bomber. Die britische Flight Refueling Ltd., damals das fortschrittlichste Unternehmen auf diesem Gebiet, baute eine große Zahl britischer Bomber zu Tankflugzeugen um, die die amerikanischen Bomber auf dem Weg nach Japan betanken sollten. Die Besetzung der strategisch wichtigen Inseln Saipan und Marianen löste auch hier das Problem: Japan war nun in Reichweite der B-29 Superfortress.

Es war der Kalte Krieg, der alles veränderte: Die Ziele lagen nun weiter weg. Die erste Antwort der Industrie war die B-36 Peacemaker, ein schwerer Bomber, der sowjetisches Gebiet erreichen, seine nukleare Ladung abwerfen und unbetankt zurückkehren sollte. Er wäre eine leichte Beute für die bereits vorhandenen schnellen Düsenabfangjäger gewesen. Schließlich wurde die britische Technologie in die USA exportiert, und es begann die massenhafte Umrüstung der B-29 zu Tankflugzeugen. Die Ära der praktischen Luftbetankung war angebrochen.

Die Anwendung der Luftbetankung auch auf taktische Flugzeuge und die Notwendigkeit, die Befähigung der Besatzungen von Tank- und zu betankenden Flugzeugen aufrechtzuerhalten, führten zu einer Explosion der angeforderten Stückzahlen. Der Boeing KC-97 Stratotanker wurde in 811, der nachfolgende KC-135 in 732 Exemplaren hergestellt. Die meistproduzierten Tankflugzeug aller Zeiten. Zahlen, die selbst heute noch die Gewinnschwelle für ein neues Verkehrsflugzeug übertreffen würden. Der Koreakrieg war der erste Konflikt, in dem die Amerikaner die Luftbetankung nutzten. Eine Praxis, die in Vietnam exponentiell zunahm, wo taktische Flugzeuge zahlenmäßig zu den Hauptempfängern wurden.

Mit dem Ende des Kalten Krieges verringerte sich der Bedarf an Flugzeugen. Die Produktionszahl der neuen Boeing KC-46 erreicht nur noch ein Viertel ihrer Vorgängermodelle. Aber gleichzeitig begannen weitere Länder, ihre Luftstreitkräfte mit der Luftbetankung auszurüsten.

Während der Zertifizierung des KC-767 für Aeronautica Militare Italiana wurde das Tankflugzeug mit mehreren Empfängern getestet, darunter die B-52H.

Moderne Tankflugzeuge sind flexible Maschinen, die von ihrer ursprünglichen Aufgabe als reine Tankflugzeuge abgesehen noch eine Vielzahl anderer Funktionen wie Transport, elektronische Aufklärung und fliegende Gefechtsstände erfüllen. Ein Airbus A330 MRTT wartet eine B-1 während einer Evaluierung durch die United States Air Force.

Die grau-weißen NKC-135R des Air Force Materiel Command auf dem Luftwaffenstützpunkt Edwards sind mit der Durchführung von Tests verschiedener Kombinationen von Tankflugzeugen und Empfängern, wie der abgebildeten F-35, beschäftigt.

COPYRIGHT
ERICKSON
1929

Die Geschichte der Luftbetankung

Die Urspünge der Luftbetankung

Ein seit langem standardisierter Betrieb im Bereich der militärischen Luftfahrt begann als Zirkusattraktion tollkühner Piloten. Und wenn etwas auf bahnbrechende Weise beginnt, ist das Ergebnis oft weit von den Visionen der Erfinder entfernt.

Die erste aufgezeichnete Idee, ein Flugzeug während des Fluges aufzutanken, wird im Allgemeinen dem russischen Pionier und Erfinder Aleksandr Nilolaevic Prokof'ev-Severskij zugeschrieben, der noch in Russland eine Möglichkeit erdachte und 1921 in den Vereinigten Staaten das erste Patent für die Luftbetankung erhielt. Severskij befand sich während des Ausbruchs der Oktoberrevolution auf einer Marinemission in Amerika und entschied sich später, in den USA zu bleiben, so dass das erste Patent amerikanisch war. Der Vorschlag von Sewerskij lautete: »Große Tanker zur Treibstoffversorgung von Flugmaschinen während des Fluges«.

Ein weniger theoretischer Ansatz von Godfrey Cabot bestand darin, dass Flugzeuge Treibstoffbehälter von Überwasserschiffen aufnehmen könnten. Ein beschwertes und im Flugzeug geführtes Kabel sollte einen Behälter zum diesem heben. Ähnlich dem Schleppen von Werbebannern. Versuche wurden tatsächlich durchgeführt: Ein Leutnant der U.S. Navy benutzte auf dem Rücksitz einer Huff-Daland HD-4 einen Enterhaken, um einen fünf Gallonen fassenden Benzinkanister von einem Schwimmer im Potomac River zu fangen. Die Idee war unpraktisch für die Treibstoffbetankung, wurde aber weithin für die Postabholung durch Flugzeuge verwendet.

Die erste aufgezeichnete Luftbetankung geht auf Wesley May, Frank Hawks und Earl Daugherty im Jahr 1921 zurück, denen es gelang, einen Benzinkanister von einer Curtiss Jenny auf einen Lincoln Standard-Doppeldecker umzuladen. Wesley hatte einen 5-Gallonen-Benzinkanister auf den Rücken geschnallt und startete als Passagier in der von Frank gesteuerten Curtiss. In einer Höhe von 1.000 Fuß befanden sich die Flugzeuge in einer sehr engen Formation, und Wesley bewegte sich auf der Tragfläche seines Flugzeugs, bis er in der Lage war, zu springen und die Flügelstrebe zu ergreifen. Nun konnte er auf der Tragfläche zum vorderen Passagiersitz gehen und zum Treibstofftank gelangen, der sich hinter dem Motor befand. Er füllte die fünf Gallonen in den Tank und achtete darauf, dass das Gas nicht abblies, bevor er sich ins Cockpit setzte und anschnallte. Aus einem zweiten Flugzeug wurde der Stunt fotografisch für die Nachwelt festgehalten: Die erste Betankung in der Luft hatte stattgefunden.

Der russisch-amerikanische Flieger Severskij, der allgemein als der erste Visionär der Luftbetankung gilt.

Die erste Luftbetankung der Geschichte. Wesley May klettert mit einem auf den Rücken geschnallten Benzinkanister von der Lincoln Standard zur Curtiss Jenny.

Die Betankung wurde zu einer Attraktion in den damals so beliebten Luftzirkusvorstellungen. Sie hatten aber keinen praktischen Nutzen.

Mehrere Flieger hatten die Idee, die Reichweite kleiner Flugzeuge zu vergrößern. Major ›Hap‹ Arnold erhielt 1923 die Erlaubnis, einen Entfernungsrekord durch Auftanken aufzustellen. Ein Schlauch wurde von einer De Havilland DH.4B zu einer anderen Maschine aufgerollt. Der erste Treibstofftransfer konnte am 27. Juni 1923 aufgezeichnet werden, wobei das Flugzeug sechs Stunden und 38 Minuten lang in der Luft bleiben konnte. Später wurde ein Rekord von 37 Stunden Flugdauer aufgestellt, und die Befürworter der Luftbetankung stellten bereits Ideen für große Bomber vor, die mit einer geringen Treibstoffmenge starten würden, um eine große Bombenlast zu ermöglichen. Später sollten sie im Flug aufgetankt werden. Die Army Air Force verlor jedoch nach dem ersten tödlichen Unfall in der Geschichte der Luftbetankung das Interesse: Am 18. November 1923 verfing sich der Betankungsschlauch in der Tragfläche des Empfängers, wobei Leutnant Wagner beim anschließenden Absturz ums Leben kam.

Der Luftbetankungsversuch vom 23. Juni 1923. Der untere von Kapitän Smith und Leutnant Richter geflogene DH-4B-Doppeldecker blieb 37 Stunden lang über Rockwell Field in San Diego, Kalifornien, in der Luft; der Flug erforderte neun Luftbetankungen, während derer 687 Gallonen Gas und 38 Gallonen Motoröl übertragen wurden.

Das Militär fand neues Interesse, als am 1. Januar 1929 ein dreimotoriges modifiziertes Atlantic-Fokker C-2A-Transportflugzeug des United States Army Air Corps in den südkalifornischen Himmel stieg. Es sollte unter dem Namen »Question Mark« berühmt werden. Es handelte sich um eine in den USA gebaute militärische Version des Fokker F.VIIa-3m Trimotors mit einem Bruttogewicht von 10.395 Pfund (4.715 kg), die mit drei Wright R-790-Motoren mit einer Leistung von jeweils 220 PS (160 kW) ausgestattet war.

Der Flug dauerte insgesamt 150 Stunden und 40 Minuten. Die Besatzung flog eine 110 Meilen lange Strecke von Santa Monica (Kalifornien) nach San Diego und überflog dabei am Neujahrstag auch das Footballspiel Rose Bowl. Während des Fluges hatte sie 43 Kontakte mit dem Tankflugzeug. Jeder Kontakt dauerte etwa 7,5 Minuten, wobei die Flugzeuge etwa 15 bis 20 Fuß voneinander entfernt waren. Die Tageskontakte fanden in einer Höhe zwischen 2.000 und 3.000 Fuß statt, die 10 Nachtkontakte in einer Höhe zwischen 5.000 und 7.000 Fuß. Die Question Mark, war ein Hochdecker mit zwei 96-Gallonen-Flügeltanks, die durch zwei 150-Gallonen-Tanks in der Kabine ergänzt wurden. Bei den beiden Tankflugzeugen handelte es sich um einmotorige Doppeldecker vom Typ Douglas C-1 mit zwei 150-Gallonen-Tanks zum Entladen und einem Betankungsschlauch, der durch eine in den Boden eingelassene Luke geführt wurde. Bei der Betankung wurde ein vertikaler Abstand von 20-20 Fuß bei einer Geschwindigkeit von 80 mph eingehalten. Der Treibstoff floss mithilfe der Schwerkraft mit 75 US-Gallonen pro Minute in die Tanks, wo er dann von dem Besatzungsmitglied Roy Hooe von Hand in die Flügeltanks gepumpt wurde. Insgesamt erhielt Question Mark 5.700 Gallonen Treibstoff, aber auch Öl, Lebensmittel und Wasser.

Die Fokker C-2A »Question Mark« startete am 1. Januar 1929 um 7:26 Uhr in Van Nuys. Auf jeder Seite des Rumpfes war ein großes Fragezeichen aufgemalt. Da nur 100 US-Gallonen Treibstoff an Bord waren wurde sie während des Fluges von zwei modifizierten Douglas C-1 Transportflugzeugen aufgetankt. Halverson und Quesada übernahmen weitgehend die Steuerung, während Eaker die Drosselklappen kontrollierte. Weniger als eine Stunde später führte Moon die erste Betankung durch. Spaatz und Quesada überwachten den Treibstoffwechsel. Hooe bediente die Pumpe.

Die Besatzung der Question Mark bestand aus Major Carl Spatz (später änderte er die Schreibweise in Spaatz), Captain Ira Eaker, Lieutenant Elwood Quesada, Lt. Harry Halverson und Staff Sgt. Roy Hooe.

General Carl A. Spaatz war der erste Stabschef der U.S. Air Force. Nach dem Start der militärischen Laufbahn bei der Infanterie, trat er in die Fliegerschule in San Diego, Kalifornien, ein. Später befehligte er die Siebte Bomberstaffel in Rockwell Field, und die Erste Bomberstaffel in March Field, Kalifornien. Während des Krieges war General Spaatz Befehlshaber der Eighth Air Force im europäischen Einsatzgebiet, später wurde er Befehlshaber der Alliierten Luftstreitkräfte im Mittelmeerraum in Italien und Befehlshaber der Strategischen Luftstreitkräfte der USA im Pazifik mit Hauptquartier auf Guam, wo er die letzten strategischen Bombenangriffe auf Japan überwachte. Präsident Harry S. Truman ernannte ihn zum Kommandeur der Army Air Forces. Als ständiger Befürworter der Luftbetankung war er maßgeblich an deren hohen Stellenwert innerhalb der Luftwaffe beteiligt.

Der Question Mark-Flug hatte keine militärischen Absichten, erregte aber ein so großes Echo, dass das Army Air Corps im Frühjahr 1929 eine offizielle Vorführung im Rahmen eines Armeemanövers ansetzte.

Während der Vorführung sollte ein von einem Douglas-Tankflugzeug begleiteter Keystone B-3A-Bomber von Dayton, Ohio, aus zu einem simulierten Bombenangriff über dem Hafen von New York City fliegen, und dann zurückkehren. Die Betankung sollte während beider Teile der Mission über Washington, D.C. erfolgen. Gewitter zwischen Ohio und Washington führten jedoch dazu, dass die Flugzeuge voneinander getrennt wurden und die Armee ihr Interesse wieder auf andere Themen richtete.

Leutnant Elwood Quesada justiert die Treibstoffeitung. Während des Einsatzes, der am Neujahrstag 1929 begann und 150 Stunden und 40 Minuten später am 7. Januar endete, gaben die Douglas-Tankflugzeuge 5.660 Gallonen Treibstoff ab.

Die Question Mark war ein modifiziertes Atlantic-Fokker C-2A-Transportflugzeug des United States Army Air Corps. Ein 45-US-Gallonen-Tank versorgte die drei Motoren mit Öl, das während des Fluges aus fünf US-Gallonen-Kanistern nachgefüllt wurde. Eine mit zwei im Frachtraum installierten 150-US-Gallonen (570 L) Tanks modifizierte Douglas C-1 lieferte den Treibstoff. Die Tanks wurden an einen 64 mm (2,5 Zoll) langen, mit Blei beschwerten Feuerwehrschlauch angeschlossen. Ein drittes Besatzungsmitglied im Frachtraumder C-1 rollte den Schlauch auf und bediente das Absperrventil.

Die Besatzung der Question Mark bestand aus Major Carl Spatz (später änderte er die Schreibweise in Spaatz), Captain Ira Eaker, Lieutenant Elwood Quesada, Lt. Harry Halverson und Staff Sgt. Roy Hooe. Die Besatzungen der Tankflugzeuge waren Captain Roy Hoyt und die Leutnants Auby Strickland und Irwin Woodring in Maschine Nr. 1 sowie die Leutnants Odas Moon, Joseph G. Hopkins und Andrew F. Salter in Maschine Nr. 2. Hauptmann Hugh Elmendorf war für die Bodenoperationen und die Logistik des Einsatzes verantwortlich. Major Spatz bekam für seinen Einsatz das Distinguished Flying Cross verliehen.

Die Luftbetankung wurde auch in Europa erprobt. Bereits 1928 konnten der Aero Club de France und das 34. Fliegerregiment der französischen Luftwaffe auf der jährlichen Fete de l'Aviation in Le Bourget die Übergabe von Treibstoff zwischen Flugzeugen demonstrieren, während im Vereinigten Königreich das Royal Aircraft Establishment ebenfalls die Luftbetankung erprobte, um mit dieser Technik die Reichweite der Flugboote zu erhöhen, die auf den Routen des britischen Empire eingesetzt wurden.

Trotz des mangelnden Interesses des Militärs wurden die Versuche natürlich auch in den Vereinigten Staaten fortgesetzt, aber die Luftbetankung blieb bis zur Erfindung des auslaufsicheren Ventils eine gefährliche Angelegenheit.

Dale Jackson und Forest O. Brine stellten mit einer Curtiss-Robertson mit 420 Stunden Flugdauer einen Ausdauerrekord auf. Sie waren Piloten der Curtiss-Robertson Airplane Company und ihr Flug wurde nicht als Ausdauertest für einen neuen Rekord angekündigt, sondern als experimenteller Testflug ohne Zielvorgabe. Im Juni 1930 betrug der Flugrekord 553 Stunden (223 Tankvorgänge erforderlich). Im Juli stellten Keeton und Ward mit dem Curtiss Robin-Eindecker Greater St. Louis einen Rekord von 647,5 Stunden auf – fast 27 Tage in der Luft.

Die Brüder Fred und Al Key begannen sich nach dem Ersten Weltkrieg für die Luftfahrt zu interessieren. In den 20er-Jahren begannen sie mit dem »Barnstorming« und setzten ihr luftfahrttechnisches Interesse als Manager des städtischen Flughafens Meridian in Meridian, Mississippi, fort. Mit Beginn der Weltwirtschaftskrise beschloss die Stadt Meridian, den als unnötig erachteten Flughafen zu schließen, um Geld zu sparen. Die Gebrüder Key hatten den Plan, die Aufmerksamkeit auf Meridian und seinen Flughafen zu lenken, indem sie den bestehenden Flugausdauerrekord von 23 Tagen brachen. Zu dieser Zeit war die Luftbetankung eine gefährliche Angelegenheit. Um dieses Problem zu lösen, erfanden die Gebrüder Key zusammen mit dem einheimischen Erfinder und Mechaniker A. D. Hunter ein auslaufsicheres Betankungssystem, das aus einem Ventil am Ende der Treibstoffdüse bestand, das durch eine Sonde im Hals des Treibstofftanks geöffnet wurde. Das Ventil ließ den Kraftstoff nur dann fließen, wenn es in den Kraftstofftank eingeführt wurde. Wenn die Zapfpistole während des Tankens aus dem Tank entfernt wurde, hörte der Kraftstoff automatisch auf zu fließen. Diese Zapfpistole wurde später vom US Army Air Corps übernommen und wird mit einigen Änderungen auch heute noch verwendet.

Jeder Rekord ist dazu bestimmt, übertroffen zu werden. Hier wird die Curtiss-Robertson während ihres Fluges zu einem neuen Ausdauerweltrekord von 420 Stunden aufgetankt und übertrifft damit bei weitem die Zahlen von Question Mark. Zwei Männer blieben 17,5 Tage lang in einer kleinen Kabine in der Luft und flogen eine Strecke, die größer als der Erdumfang war.

Die Betankung des Flugzeugs war schließlich nicht ihre einzige Sorge. Das Triebwerk musste während des Fluges regelmäßig gewartet werden, um in gutem Zustand zu bleiben. Um dies zu erleichtern, wurde ein Laufsteg gebaut, damit Fred während des Fluges am Flugzeug arbeiten konnte.

Am 4. Juni 1935 starteten die Flying Keys, wie die Brüder später genannt wurden, mit einem Curtiss-Robin-Eindecker namens »Ole Miss« von Meridian, Mississippi, und flogen die nächsten 27 Tage über Meridian, wobei sie mehrmals täglich von einem anderen, ähnlichen Flugzeug aufgetankt wurden; Lebensmittel und Vorräte wurden ebenfalls über ein Seil geliefert. Sie landeten am 1. Juli, nachdem sie schätzungsweise 52.320 Meilen zurückgelegt und mehr als 6.000 Gallonen Benzin verbraucht hatten. Ihr Non-Stop-Dauerflug dauerte 653 Stunden und 34 Minuten. Danach wurde die »Ole Miss« dauerhaft im National Air and Space Museum in Washington, D.C. ausgestellt.

Später dienten die Gebrüder Key als Bomberpiloten im Zweiten Weltkrieg im pazifischen Einsatzgebiet und hatten beide eine hervorragende Karriere: Sowohl Fred als auch Al wurden mit dem Distinguished Flying Cross (USA) ausgezeichnet.

Das von A.D. Hunter für die Keys entwickelte Absperrventil war eine wichtige Innovation, da es der Vorläufer der in modernen Tankflugzeugen verwendeten Ventile war.

Die Curtiss Robin »Ole Miss«, die von den Key-Brüdern für ihren Rekordflug benutzt wurde.

Fred Key auf dem Laufsteg der »Ole Miss« bei der Wartung des Motors.

653 Stunden in der Luft mit einem Leichtflugzeug waren eine herausragende Leistung der Key Brothers.

Curtiss Robin Tanker und Empfänger mit Besatzung, die einen unvermeidlichen Schlüssel aus Ölkisten zeigt, mit den Mechanikern am Ende des epischen Fluges auf dem Flughafen von Meridian, Mississippi.

Luftbetankung im Vereinigten Königreich

Der Flug der Question Mark weckte das Interesse Großbritanniens an der Luftbetankung. Von 1930 bis 1937 führte das Royal Air Establishment in Farnborough eine Reihe von Luftbetankungsexperimenten durch, die nicht so sehr dazu dienten, die Reichweite eines Flugzeugs zu erhöhen, sondern vielmehr dazu, das Startgewicht zu senken, um die Abnutzung des Flugzeugs und der Graslandeplätze zu verringern.

Es gab auch ein rein militärisches Interesse, denn zu dieser Zeit behinderten die vom Völkerbund auferlegten Beschränkungen die Nutzlast von Bombern. Die Möglichkeit einer geringeren Treibstoffmenge beim Start bedeutete die Aufnahme einer größeren Bombenlast. Außerdem begannen die Briten mit dem Einsatz automatischer Treibstoffkontrollventile, die sich bei Kontaktverlust abschalten würden. Und 1931 konnten sie das Auftanken zwischen zwei so ausgerüsteten Vickers Virginia demonstrieren. Im September 1934 stellte Flugleutnant Richard Atcherly sein neu patentiertes Luftbetankungssystem mit Schleifenschlauch vor. Die neue Technik verlangte der Tankerbesatzung die meiste Arbeit ab. Der Tanker und der Empfänger zogen Kabel mit Greifern an den Enden hinter sich her. Sobald die beiden Flugzeuge mit etwa 300 Fuß Schlauch verbunden waren, manövrierte der Tankerpilot in eine höhere Position und überließ der Schwerkraft schließlich den Rest. Diese Experimente wurden bis 1937 fortgesetzt, aber zu diesem Zeitpunkt hatte die Royal Air Force bereits ihr Interesse auf Flugzeuge mit größerer unbetankter Reichweite verlagert.

Die Idee, einen Einsatz mit Hilfe eines Tankflugzeugs zu ermöglichen, war den Militärstrategen noch nicht gekommen. In der Endphase des Zweiten Weltkriegs erwog die Royal Air Force, die Lancaster- und Lincoln-Bomber ihrer Tiger Force als Empfänger für Bombenangriffe auf Japan einzusetzen, wobei das FRL-Schlauchsystem zum Einsatz kam. Als Tankflugzeuge waren die Halifax und die Lancaster vorgesehen, die gerade umgebaut wurden. Aber der Krieg endete, bevor die Idee in die Realisierungsphase kam. Ein bitterer Schock für die Flight Refueling Ltd., die mit über 600 Tankflugzeugumbauten beauftragt war. Für weitere 10 Jahre gehörte die militärische Luftbetankung nicht zum primären Aufgabenbereich der Royal Air Force.

Eine Handley Page W10 G-EBMR beim Auftanken von Sir Alan Cobham Airspeed AS.5 Courier CN-7 im September 1934.

Vor dem Krieg wurde die Idee der Luftbetankung jedoch von britischen Wirtschaftsinteressen neu aufgegriffen. Gesellschaften wie Imperial Airways begannen, große Flugboote einzusetzen, um das weit verzweigte britische Empire zu verbinden, wobei die Routen viele Tank- und Übernachtungsstopps beinhalteten, so dass sie hofften, dass die Luftbetankung ihren Betrieb verbessern würde. Nachdem man phantasievolle Ideen wie die Shorts-Mayo-Kombination verworfen hatte, begann die Flight Refueling Ltd. mit dem Umbau von drei veralteten Handley Page HP.54 Harrow-Bombern zu Tankflugzeugen, um sie auf der Nordatlantikroute einzusetzen. Diese Luftbetankung sollte nicht dazu dienen, die Flugzeiten zu verlängern, sondern den Flugbooten zu ermöglichen, mit weniger Treibstoff und mehr Post zu starten. Im Jahr 1939, vom 5. August bis zum 30. September, startete Imperial Airways die ersten kommerziellen Luftbetankungsflüge. Sie setzten Short S.30 Flugboote für wöchentliche Postflüge zwischen Southampton, England, und New York City ein. Die Harrow-Tankflugzeuge waren in Gander, Neufundland, und andere in Rineana, Irland, stationiert. 15 dieser transatlantischen Einsätze starteten noch vor Ausbruch des Zweiten Weltkriegs. Passagierflüge wurden aus Angst vor möglichen Bränden nie unternommen. Die Zuverlässigkeit für den zivilen Betrieb wurde nicht als ausreichend sicher angesehen. Selbst mit dem Einsatz automatischer Absperrventile war das System noch primitiv.

Das Unternehmen Flight Refueling Ltd. wurde von Sir Alan Cobham gegründet, einem 1894 geborenen Pionier auf diesem Gebiet und bekannten Langstreckenflieger. Er gründete Flight Refueling Ltd. im Jahr 1934. Das Unternehmen hat sich im Laufe von 80 Jahren zu dem internationalen Verteidigungs- und Technologieunternehmen entwickelt, das es heute ist, Cobham plc. In dieser Zeit war sein Unternehmen maßgeblich an der Erfindung des Sonden- und Fallschirmsystems beteiligt, das zusammen mit dem Auslegersystem zur vorherrschenden Luftbetankungstechnologie wurde. Als Cobham 1932 mit Experimenten zur Betankung von Flugzeugen während des Fluges begann, hatte eine Dame namens Mildred Bruce, eine britische Rennfahrerin, Schnellbootfahrerin, Fliegerin und Geschäftsfrau, bereits ähnliche Experimente durchgeführt.

Mit nur 40 Stunden Flugerfahrung beschloss sie, den Ausdauerweltrekord zu verbessern. Im Juli 1932 kaufte sie ein Amphibienflugzeug vom Typ Saro Windhover, das sie City of Portsmouth nannte, und ließ das Fahrwerk vorübergehend entfernen. Außerdem kaufte sie eine Bristol F.2, die als Tankflugzeug eingesetzt werden sollte. Im August 1932 setzte sie die beiden Flugzeuge bei drei gescheiterten Versuchen über dem Solent ein, um den Weltrekord zu brechen. Die Erfindungen und die Vorreiterrolle von Flight Refueling Ltd. verschafften dem Unternehmen weltweit eine führende Position bei der Entwicklung und Realisierung von Luftbetankungssystemen für Kunden in aller Welt. Viele Länder haben Sir Alan Cobhams Luftbetankungstechnologien übernommen, darunter die Vereinigten Staaten, Großbritannien, Frankreich, Schweden, Malaysia, Italien und viele andere. Ab 1994 entwickelte sich das Unternehmen als Cobham plc weiter, erweiterte seinen Tätigkeitsbereich auf Mikrowellenelektronik, Radome, Antennen und Funkgeräte und drang weiter in den Satelliten- und Mobilkommunikationsmarkt vor.

Sir Alan Cobham

Sir Cobham wurde als Pionier der Langstreckenfliegerei berühmt. Nach dem Krieg wurde er Testpilot für die Flugzeugfirma de Havilland. 1926 unternahm er mit seiner de Havilland DH.50 eine Reise von London nach Kapstadt und zurück. Im gleichen Jahr realisierte er einen Flug von Großbritannien nach Australien und versuchte die erste Luftpostzustellung nach New York City. 1932 startete er die National Aviation Day Displays, eine Gruppe von 14 Flugzeugen mit dem Spitznamen »Cobham's Flying Circus«, die zum Teil als »Barnstorming« und »Joyriding« auftraten und äußerst populär wurden. 1934 war er der Gründer der Flight Refueling Limited, wo er seine Vision der Luftbetankung erproben und industrialisieren konnte.

Nach dem Krieg setzte die Flight Refueling Ltd. ihre Bemühungen um kommerzielle Langstreckenflüge mit Luftbetankung fort. Nach einer Reihe erfolgreicher Ankopplungsversuche im Jahr 1946 mit modifizierten Lancasters wurde die Genehmigung erteilt, Tests zur Durchführbarkeit eines Non-Stop-Flugs mit Luftbetankung zwischen dem Vereinigten Königreich und den Bermudas durchzuführen. British South American Airways (BSAA) war an dem Vorschlag interessiert, Lancaster-Empfänger einzusetzen, die von Lancaster-Tankflugzeugen von den Azoren aus betankt wurden, um den Flug in 20 Stunden zu absolvieren. Dies führte dazu, dass 21 von 22 Flügen erfolgreich aufgetankt wurden. Zwischen Februar und März 1948 führte Flight Refueling Ltd. Lancasters auch Betankungsversuche mit einer BOAC Liberator 2 durch, die die Nordatlantikroute flog. Passagierflüge mit der Liberator begannen Mitte 1941 im Rahmen des North Atlantic Return Ferry Service, um RAF-Flugbesatzungen

Der technisch funktionierende, aber unmögliche Vorschlag der Shorts-Gesellschaft für Non-Stop-Transatlantikflüge war die zusammengesetzte Mayo, bestehend aus der Startmaschine Maia, einem Wasserflugzeug, und der eleganten Mercury, die im Flug gestartet wurde, wenn die Ausdauer des Mutterschiffs zu Ende war. Nach erfolgreichen Trennungsversuchen fand der erste Transatlantikflug am 21. Juli 1938 von Foynes an der Shannon-Mündung an der Westküste Irlands nach Boucherville in Quebec, Kanada, statt. Mercury trennte sich um 20 Uhr von der Maia, um den ersten kommerziellen Ost-West-Transatlantikflug ohne Zwischenlandung fortzusetzen. Zuvor hatten nur Zeppelin-Luftschiffe die Ehre eines Non-Stop-Transatlantikfluges. Die Reise dauerte 20 Stunden und 21 Minuten bei einer durchschnittlichen Geschwindigkeit über Grund von 232 km/h (144 mph).

nach Kanada zu bringen, wo sie Flugzeuge abholten, die nach Europa überführt werden sollten. Die Liberator war damit das erste Flugzeug, das den Nordatlantik im Linienverkehr mit Passagieren überquerte. Am 24. September 1941 übernahm die BOAC die Nordatlantikdienste von der RAF und übernahm auch die Liberator-Transporte. Im Jahr 1947 setzte die BOAC die Liberator im Frachtverkehr von London über Prestwick und Gander nach Montreal ein. Vom 4. Februar bis zum 28. Mai 1948 eröffnete BOAC einen Nonstop-Liberator-Dienst zwischen London und Montreal mit Luftbetankung. Flight Refueling Ltd. stellte vier Avro Lancastrians von Trans-Canada Airlines ein und baute sie zu Tankflugzeugen um. Zwei Maschinen waren in Shannon und die beiden anderen in Gander stationiert. Die Liberators, die in Richtung Osten flogen, brauchten nur eine einzige Betankung, die in der Regel etwa 200 Meilen östlich von Gander stattfand, während für den Flug in Richtung Westen in der Regel zwei Betankungen erforderlich waren, eine westlich von Shannon und die zweite in der Nähe von Goose Bay, Labrador.

Bei den 45 Versuchen wurden nur drei Betankungen abgebrochen, eine aufgrund von Radar- und Heizungsproblemen im Tanker, eine aufgrund von Problemen bei der Treibstoffübergabe und eine dritte aufgrund eines BOAC-Kapitäns, der sich weigerte, die Luftbetankung durchzuführen. Trotz des Erfolgs der Versuche zog es BOAC vor, Lockheed Constellations und Boeing Stratocruiser für Nonstop-Nordatlantikflüge einzusetzen: Die Ära des kommerziellen Betriebs mit Luftbetankung war vorbei.

Flight Refueling Ltd. setzte seine Existenz fort und erhielt mit dem Interesse der US-Luftwaffe an der Umrüstung der Boeing B-29 zum Tankflugzeug im Jahr 1948 eine herausragende Expansion. Das von Tarrant Rushton entwickelte Schlauchsystem war zweifellos die effektivste Art, Treibstoff zwischen Flugzeugen zu transportieren, und die Flight Refueling-Beratungsfirma war maßgeblich an der Entwicklung der amerikanischen Luftwaffe beteiligt, wie im Kapitel zur amerikanischen Geschichte untersucht wird. Ein unerwartetes Ereignis für das englische Unternehmen war die Berlin-Blockade: Sir Alan Cobham, der über große Erfahrung mit dem Transport von Treibstoff verfügte, schlug vor, seine Avro Lancastrian-Tankflugzeuge einzusetzen. Der Betrieb wuchs so weit, dass Flight Refueling Ltd. bis zu 42 Flugzeugbesatzungen mit Treibstoff versorgte, die bis zu 38 Einsätze pro Tag mit Ladungen von 2.500 imperialen Gallonen (11.250 Liter) flogen.

1930 kaufte Flight Refueling Ltd. drei Handley Page Harrow-Bomber und baute sie zu Tankflugzeugen um. Sie wurden mit zusätzlichen internen Kraftstofftanks von 1000 Imperial Gallons ausgestattet. Das Tankflugzeug G-AFRL war in Rineanna (Shannon), Irland, stationiert, und die beiden anderen Harrows wurden als Deckfracht auf dem Dampfer SS Bedford, der zur Canadian Pacific Shipping Line gehörte, nach Montreal verschifft, in Longueuil wieder zusammengebaut und dann zum Flughafen von Neufundland geflogen. An der Backbordseite des Rumpfes des Tankers wurden große Fenster angebracht, um der Besatzung, die über dem Empfängerflugboot flog, die Sicht zu ermöglichen. Eine große Trommel, die im vorderen Rumpf installiert war, ermöglichte das Ausrollen der Betankungsleitung.

Eine der Avro Harrow auf dem Flughafen in Gander. Der Betrieb in Neufundland war dank eines großen Vorrats an Ersatzteilen problemlos. Die Besatzungen wurden im Winter einfach in einem Eisenbahnwaggon untergebracht.

Ein Short S-30 Flugboot der Imperial Airways erhält Treibstoff von einer Handley Page HP.54 Harrow der Flight Refueling nach dem Start von Foynes, Irland. Nach umfangreichen Tests wurde am 5. August 1939 ein wöchentlicher Postdienst eröffnet. Zwei Short S-30 Flugboote der Imperial Airways flogen auf der Strecke Southampton-Foynes-Botwood-Montreal-New York, wobei sie zweimal in der Luft aufgetankt wurden, einmal über Irland und einmal über Neufundland. Die Betankung fand kurz nach dem Start statt. Auf den Rückflügen wurden die Flugboote nach dem Start in Botwood von der G-AFRG und G-AFRH aufgetankt. Das Umladen des Treibstoffs zwischen den beiden Flugzeugen, die im Durchschnitt mit etwa 125 mph flogen, dauerte je nach Wetterlage weniger als 15 Minuten.

Eine Anzeige der Flight Refueling Ltd. aus dem Jahr 1939 wirbt für den ersten und bisher einzigen kommerziellen Betrieb einer Luftbetankung.

Das Lancaster-Tankflugzeug von Flight Refueling Ltd. konnte 2.800 US-Gallonen Treibstoff liefern und nutzte nun die neueste Technologie von Sonde und Treibstofftrichter. Der Betankungsschlauch wurde aus dem Inneren des Lancaster-Rumpfes abgewickelt und durch einen konischen Treibstofftrichter stabilisiert, was den Aufwand der früheren Methode mit geschlungenen Schläuchen erheblich reduzierte. Dies war die Grundlage der heute verwendeten Methode. Flight Refueling Ltd. perfektionierte ihre Systeme weiter und wandte sich wieder dem militärischen Bereich zu: 1949 betankte das Tankflugzeug Avro 683 Lancaster III bereits eine Gloster Meteor F.3.

Flight Refueling Ltd. verbesserte die Methode der Schlauchschleifen durch ein automatisches System, das keinen Bediener im Empfängerflugzeug mehr erforderte und so den Weg für die Betankung von Kampfflugzeugen ebnete. Das Kampfflugzeug war mit einer automatischen Empfangskupplung und einer etwa in der Mitte des Rumpfes angebrachten Seilwinde ausgestattet. Der Pilot zog ein Senkgewicht mit Enterhaken hinter sich her. Vor dem Kontakt wurden das Senkgewicht und der Enterhaken herabgelassen, bis die mit dem Tankflugzeug herabgefallene Kontaktleine, die durch einen Manteltropfen gesichert war, einrastete. Bei Kontakt zog das Tankschiff die Fahrleitung ein, löste den Schleppschlauch und steckte ein Senkgewicht in den Betankungsschlauchstutzen, der schließlich vom Empfänger bis zum Kontakt zur Aufnahmekupplung gezogen wurde. Der Stutzen wurde automatisch durch vier Klemmen geklemmt und Treibstoff unter Druck in den Empfänger gepumpt. Die Tests mit dem Gloster Meteor-Empfänger erwiesen sich als erfolgreich, aber das Luftfahrtministerium hielt sie nicht für nützlich und ein weiteres Projekt wurde aufgegeben.

Die Ära der Luftbetankung bei der Royal Air Force begann mit dem amerikanischen Drängen nach dem Aufbau einer großen Tankerstreitmacht innerhalb der USAF. Der Druck wurde erhöht, um die alliierten Luftstreitkräfte mit Reichweitenverlängerungssystemen auszustatten. Die automatische Schlauchschleife musste für den Einsatz mit Kampfflugzeugen noch einmal verbessert werden. Die Arbeitsbelastung für den Empfängerpiloten wurde immer noch als hoch eingeschätzt, bei all dem Stress, den die neuen Düsenjäger mit sich brachten. Ein stärker automatisiertes System wurde benötigt. Um dies zu erreichen, wurde das Tankflugzeug mit einem Betankungsschlauch ausgestattet, der vom Rumpf herabhing. Der Schlauch hatte am hinteren Ende einen Schlauchtropfen und wurde im Tankflugzeug auf einer Schlauchtrommel verstaut, die so konstruiert war, dass sie während des Einsatzes eine konstante Spannung aufrechterhalten konnte. Der Empfänger wurde mit einer festen Sonde ausgestattet, die ein inneres Treibstoffrohr hatte, das mit dem Treibstoffsystem des Jägers verbunden war, und eine Düse am vorderen Ende besaß. Der Pilot des Empfängers musste sich nun in der Nähe des hinteren Treibstofftropfens positionieren und sich mit diesem verbinden, wobei die automatischen Klemmen und Ventile für einen reibungslosen Treibstofftransfer sorgten. Dies war der Beginn der »Sonde und Schleppschlauch«-Technik«, die auch heute noch die am häufigsten verwendete Methode ist.

Die Technik wurde einer Delegation der USAF mit einer Kombination aus Lancaster-Tankflugzeug und Meteor-Empfänger vorgeführt und so positiv beurteilt, dass die Amerikaner sofort eine Beratungsfirma mit der Entwicklung des Systems im eigenen Land beauftragten. Die Avro Lincoln war das erste Flugzeug, das als Tankflugzeug für die Royal Air Force in Kombination mit dem Jagdflugzeug Gloster Meteor IV als Empfänger eingesetzt werden sollte. Bei der Umrüstung des Lincoln-Bombers wurde der Bombenschacht für den Einbau von zwei 600 imperial gallons (2.700 Liter) Tanks und den Anschluss an den Kraftstofftank Nr. 1 genutzt, um eine Gesamtkapazität von 1.785 imperial gallons übertragbaren Kraftstoffs zu erreichen. Die Schlauch- und Trommeleinheit wurde im hinteren Bombenschacht installiert. Bei Flight Refueling Ltd. wurden 16 Meteor-Umrüstungen sowie einige Lincoln-Tankflugzeuge in Auftrag gegeben.

Eine der zahlreichen Innovationen, die der britischen Industrie zu verdanken sind, ist die Buddy-Buddy-Luftbetankung. Die De Havilland Sea Vixen war das Tankflugzeug der Royal Navy. Der zweistrahlige Jet war mit einer festen Sonde ausgestattet, die eine Luftbetankung ermöglichte. Einige verfügten über ein externes Buddy-Pack, um als trägergestützte Tankflugzeuge zu fungieren; das abgebildete Paar zeigt eine Vorführung auf der SBAC Farnborough Air Show im Jahr 1960.

Am 21.Juli 1951 wurde ein erfolgreicher Demonstrationsflug rund um Großbritannien durchgeführt, bei dem drei Lincoln-Tankflugzeuge zum Einsatz kamen.

Mit dem Aufkommen der Bomber der V-Force (Valiant, Victor, Vulcan) wurde die Notwendigkeit der Luftbetankung ernster genommen. Aber die Bomber hatten immer noch eine ausreichende Reichweite, um einige sowjetische Ziele zu erreichen und unbetankt nach Großbritannien zurückzukehren. Bis 1954 wurden die Victor- und Vulcan-Bomber jedoch mit einer abnehmbaren Betankungsanlage ausgestattet. Die RAF beschloss, dass die Valiant das erste englische Jet-Tankflugzeug werden sollte. Später wurde die Anforderung dahingehend geändert, dass für alle V-Bomber eine Umrüstung auf die Tankerrolle gefordert wurde, was eine Modifizierung der in Produktion befindlichen Flugzeuge und eine rückwirkende Anwendung auf bestehende Flugzeugzellen erforderte. In einer Periode gegensätzlicher Entscheidungen wurde dies später geändert, als die Valiant in der Offensivaufgabe als den anderen Bombern nicht ebenbürtig beurteilt wurde und daher zunächst nur als Tankflugzeug eingesetzt wurde. 81 Umrüstungen wurden in Auftrag gegeben, aber die Nachrüstung älterer Flugzeuge wurde abgelehnt. Die Valiant wurde erst 1959 als Tankflugzeug in Dienst gestellt, wobei mindestens 16 Maschinen in der Tankerrolle dienten. Sie wurden zur Demonstration ihrer Fähigkeiten eingesetzt, indem sie 1960 einen Valiant-Bomber nonstop von Großbritannien nach Singapur und 1961 einen Vulcan-Bomber nach Australien betankten. Das Betanken während des Fluges erwies sich schließlich auch im Vereinigten Königreich als großer Erfolg, und schon bald wurden die Valiants als Tankflugzeuge hoch geschätzt, auch wenn das Flugzeug nur über einen einzigen Betankungspunkt und eine relativ begrenzte Treibstoffkapazität von 20.400 Kilogramm (45.000 Pfund) verfügte. Leider stellte sich heraus, dass die Valiant von strukturellen Problemen geplagt war. Nach einem Zwischenfall wurde ein Notinspektionsprogramm für die Holme eingeführt, bei dem festgestellt wurde, dass die Mehrzahl erhebliche Spannungsbrüche aufwies. Da zwei andere V-Force-Bombertypen gute Leistungen erbrachten, waren die Kosten für die Überholung der Valiant-Flotte einfach zu hoch. Die Valiant-Flotte wurde im Dezember 1965 komplett ausgemustert, so dass die RAF ohne Tankflugzeug dastand.

Glücklicherweise wurde die Victor im Hinblick auf den Einsatz als Tankflugzeug bereits früher untersucht und eilig in dieser Rolle in Dienst gestellt. Diese Maschinen wurden ursprünglich als Bomber ausgeliefert, waren aber so konstruiert, dass sie im Bombenschacht ein abnehmbares Tankersystem mit Kraftstofftanks und einer Schlauchleitung für die Luftbetankung aufnehmen konnten. Elf Victor B.1 und vierzehn B.1A wurden zur Dreipunktbetankung umgebaut. Diese umgebauten Maschinen wurden ursprünglich als BK.1 bzw. BK.1A bezeichnet und 1968 in »K.1« und »K.1A« umbenannt, da man nicht daran dachte, sie jemals wieder als Bomber einzusetzen.

Die erste Victor-Tankflugzeugstaffel, Nr. 57, wurde im Februar 1966 in Dienst gestellt, gefolgt von den Staffeln Nr. 55 und 214. Die Victor war nicht für den Einsatz im Tiefflug konzipiert worden, und 1968 zeichnete sich ab, dass die B.2-Bomber für diesen Zweck ausgemustert werden mussten, so dass die Avro Vulcan mit ihrem großen, robusten Deltaflügel diese Aufgabe übernehmen sollte. Es wurde beschlossen, die B.2 zu einem Dreipunkt-Tankflugzeug umzurüsten. Die Victor blieb bis Oktober 1993 in der Tankflugzeugrolle und löste damit das letzte Überbleibsel der V-Truppe auf.

Die Betankung großer Transportflugzeuge wie der

Im Laufe des Jahres 1958 wurden Valiant-Tankflugzeuge mit einer im Bombenschacht installierten Schlauchtrommeleinheit entwickelt. Auf dem Bild von 1963 betankt die Vickers Valiant BK1 XD820 der No. 90 Squadron auf der RAF Honington die Gloster Javelin FAW9 der No. 64 Squadron auf der RAF Binbrook.

Eine Handley Page Victor K.1 XA918 betankt die Vixen XN685 A&AEE und die Lightning F.2 XN729 der Air Fighting Development Squadron Boscombe Down. Die Victor konnte als Dreipunkt-Tankflugzeug eigentlich nicht drei Flugzeuge gleichzeitig betanken. Sie konnte ein Flugzeug vom Rumpf und zwei von den Flügeln aus betanken. Eine gleichzeitige Betankung vom Rumpf und von den Flügeln aus war unsicher.

Ein RAF Tornado der No 20 Squadron fliegt in Formation mit einem Victor K2-Tankflugzeug während des Kuwait-Krieges.

Die Betankungsoperationen mit Victor K1 und K1A ergaben den Bedarf an einem Tankflugzeug mit größerer Reichweite und Treibstoffladung. 24 Victor B Mk2 wurden zu Dreipunkt-Tankflugzeugen umgebaut, deren Auslieferung 1974 begann. Mit ihrem großen Fallschirm im Schlepptau landet eine Victor in Fairford. Die Victor hat zwar nie Bomben abgeworfen, war aber als Tankflugzeug im Einsatz. Im Jahre 1982, während des Falklandkriegs im Südatlantik, sollte die RAF im Rahmen der »Operation Corporate« Angriffe mit Avro Vulcan-Bombern durchführen. Der nächstgelegene RAF-Stützpunkt befand sich auf der Insel Ascension im Mittelatlantik, so dass das Tankflugzeug Victor zwangsläufig ein entscheidender Faktor bei der Unterstützung von Bombenangriffen war. Nach der Invasion Kuwaits 1991 wurden insgesamt acht Victor K.2 nach Bahrain entsandt, um RAF- und andere Koalitionsflugzeuge während des anschließenden Golfkriegs 1991 mit Luftbetankung zu versorgen.

Shorts Belfast oder der Lockheed Hercules war mit einigen Problemen verbunden, die sich aus der relativen Position des Tankers und des Empfängers ergaben, da die große Luftmasse, die vom Transportflugzeug bewegt wurde, dem Tanker oft Schwierigkeiten bereitete, einen stabilen Kurs zu halten. Im Jahr 1966 begann Flight Refueling Ltd mit der Untersuchung der so genannten »Vice Versa«-Methode. Bei dem traditionellen System fliegt das Tankflugzeug höher und vor dem Empfänger, bei dem neuen System flog das Tankflugzeug tiefer und hinter dem Empfänger, der den Schlauch und den Schleppschlauch hinter sich herzieht, während das Tankflugzeug den Kraftstoff über die traditionelle Sonde pumpt. Das System, bei dem die Victor als Tankflugzeug eingesetzt wurde, erwies sich als funktionsfähig, stieß aber bei der Luftwaffe auf kein Interesse.

Das neue Tankflugzeug war nun die Vickers VC-10. Einige Flugzeuge wurden von East African Airways und Gulf Air erworben, andere wurden neu von British Aerospace geliefert, so dass es eine Mischung aus VC-10 und Super VC-10 gab. Die RAF verlangte drei Betankungspunkte, zusätzliche Treibstofftanks und eine kleine Passagierkapazität. Die Triebwerke wurden bei beiden Versionen der VC-10 gleich eingebaut, wobei die Rolls-Royce-Conway-Triebwerke mit Schubumkehrern versehen wurden. Im Dienst war das Flugzeug sehr beliebt und wurde erst 2013 ausgemustert.

Da sich das VC-10-Tankflugzeug-Umrüstungsprogramm noch in der Entwicklung befand und die Victor im Südatlantik stark beansprucht wurde, wählte die RAF auch die C-130 für die Umrüstung zum Tankflugzeug aus. Sechs Flugzeuge erhielten Schlauchtrommeleinheiten und Betankungssonden. Die von Marshall of Cambridge umgerüstete Maschine absolvierte ihren Jungfernflug am 5. Juli 1982. Während des Falkland-Konflikts spielte das Tankflugzeug Hercules C.Mk 1K eine wichtige Rolle bei der Unterstützung der RAF BAe Harriers und McDonnell Douglas Phantoms zur Luftverteidigung der Falklandinseln. Das Tankflugzeug Hercules blieb bis zum Jahr 2000 im Einsatz.

Der Falkland-Krieg im Jahr 1982 verdeutlichte auch den Bedarf der RAF an strategischen Lufttransportkapazitäten und an Luftbetankung in einem globalen Kriegsszenario. Dies führte zum Kauf von neun Lockheed L1011 Tri-Star von Pan Am und British Airways zur Umrüstung in Tanker-Transportflugzeuge. In jedes Flugzeug wurden zwei Cobham-Schlauch- und Entleerungssysteme eingebaut. Das erste System wurde im März 1986 in Dienst gestellt. Marshall Aerospace aus Cambridge führte die Umrüstung der Tri-Stars durch. Zwei von ihnen waren Passagier-/Tankflugzeuge mit der Bezeichnung TriStar K1, während die anderen vier entweder als Tankflugzeuge oder als Passagier-/Frachtflugzeuge eingesetzt werden konnten. Sie wurden als KC1 bezeichnet. Drei Maschinen, davon zwei TriStar C2 und eine TriStar C2A, waren reine Passagierflugzeuge. Die Tristars der RAF wurden nach und nach auf den neuesten Stand gebracht, u. a. mit einer Panzerung des Flugdecks und einer Richtungsinfrarotabwehr zum Schutz vor Bodenfeuer bei Flügen in den Irak. Die Flugzeuge wurden ausgiebig in der Doppeltransport-/Tankfunktion eingesetzt und nach 30 Jahren im Einsatz ausgemustert.

Die Tristar hat im Dienst der Royal Air Force lebenswichtige Unterstützung geleistet und mehr als 250.000 Truppen sowie endlosen Nachschub für britisches Personal überall auf der Welt transportiert.

Tristars haben Düsenflugzeuge, die über Afghanistan und Libyen operieren, mit Luftbetankung versorgt und darüber hinaus die lebenswichtige Luftbrücke für den Transport von Truppen und Fracht nach Irak und Afghanistan bereitgestellt.

Die VC-10 C.1K und K.3 hatten eine vordere Frachttür, die den Einbau von fünf oberen Rumpftanks in den Hauptrumpf erleichterte. Die VX104 wurde zur Erinnerung an 40 Jahre Dienst bei der Royal Air Force in einem speziellen Schema lackiert.

Luftbetankung in der United States Air Force

Während des Zweiten Weltkriegs stellte die große Masse an Bombenangriffen über Europa keine Herausforderung für die großen Ströme von B-17 oder B-24 dar. Die Bombereskorte war jedoch ein Problem für die »kleinen Freunde«, die Jäger, die über den stark verteidigten deutschen Zielen die Bomberkräfte nicht mehr schützen konnten, nachdem sie ihre Reichweitengrenze erreicht hatten. Die B-17 hatte einen Kampfradius von 1.850 km (1.000 nm). Als es an der Zeit war, Bombenangriffe gegen Japan zu fliegen, wurde die Idee der Luftbetankung wieder aufgegriffen. Mit Hilfe von Hugh Johnson, dem Leiter des FRL-Betriebs in Gander, wurde untersucht, wie die B-17 Flying Fortresses von Midway Island aus starten konnten, wobei modifizierte B-24 Liberators als Tankflugzeuge eingesetzt wurden. Das Schleifenschlauchsystem wurde 1943 in Eglin Field erfolgreich getestet. Aber mit einer Betankung wurde der Kampfradius auf nur 2.780 km (1.500 nm) erhöht, so dass eine sehr große Anzahl von B-24-Umrüstungen erforderlich gewesen wäre, um bedeutende Angriffe gegen Japan mit vielen Betankungen während des Fluges zu fliegen. Das Konzept wurde fallen gelassen. Noch wichtiger war, dass zur gleichen Zeit die Boeing B-29 Superfortress mit einer Reichweite 2.780 km (1.500 nm) und einer doppelt so hohen Bombenlast wie die B-17 einsatzbereit wurde. Auch die Betankungsmöglichkeit der B-29 wurde untersucht, da sich der amerikanische Flugplatz auf Wake Island befand, 1.900 km von Tokio entfernt. Das Konzept blieb in der Studie, bis die Amerikaner die Insel Okinawa, nur 1.760 km von Tokio entfernt, eroberten: Die Luftbetankung wurde von den amerikanischen Militärorganisationen ein weiteres Mal verworfen.

Mit dem Ausbruch des Kalten Krieges wurden russische Ziele zum Hauptanliegen des amerikanischen Bomberkommandos. Die neue riesige Consolidated-Vultee B-36 Peacemaker wurde mit der Spezifikation gebaut, Deutschland von den USA aus zu erreichen. Sie konnte nun eingesetzt werden, um einige russische Ziele von Stützpunkten im Vereinigten Königreich aus zu erreichen, wobei sie eine Reichweite von 12.870 km (6.950 nm) hatte. Die Verfügbarkeit dieser europäischen Stützpunkte im Krisenfall war jedoch nicht gewährleistet und bereitete den amerikanischen Militärs viel Kopfzerbrechen. Außerdem war die B-36 groß genug, um erhebliche Lasten zu transportieren, aber sie war langsam und sehr anfällig für die neuen russischen Düsenjäger. Boeing entwickelte als Nachfolger die düsengetriebenen B-47 und B-52, die trotz riesiger Tanks durch den übermäßigen Treibstoffverbrauch Luftbetankung brauchten, um Ziele in der Sowjetunion zu treffen. Zur gleichen Zeit hatte die US-Luftwaffe keine Luftbetankungsflugzeuge. Im Ja-

Das erste einsatzfähige Tankflugzeug der United States Air Force war die Boeing KB-29M, hier beim Betanken einer B-29MR.

Eine F-84 formiert sich mit einem KB-29M-Tankflugzeug in der von Boeing-Ingenieuren ermittelten korrekten Position, 25 Fuß unterhalb des Tankflugzeugs mit zehn Fuß seitlichem Versatz.

nuar 1948 gab der erste Stabschef der U.S. Air Force, General Carl A. »Tooey« Spaatz, der auch Pilot der »Question Mark« gewesen war, die Luftbetankung für die US Air Force die höchste Prioritätstufe. Im März 1948 besuchte eine amerikanische Delegation, die mit einer B-29 von der Wright Patterson AFB kam, die Büros von Flight Refueling Ltd. im Vereinigten Königreich und kam mit zwei Geräten zurück, um zu Hause mit Experimenten zu beginnen. Sie bestellten auch 40 weitere Geräte und erwarben die Herstellungsrechte für das System sowie einen Vertrag, nach dem Flight Refueling Ltd. die amerikanischen Streitkräfte ein Jahr lang beraten sollte. Am Ende wurde ein großer Vertrag von der Gesellschaft unterzeichnet, die Sir Alan Cobham gegründet hatte. Die US-Luftwaffe war endgültig in die Ära der Luftbetankung eingetreten. Nach der Auslieferung an die Staaten gingen die beiden Betankungssysteme an das Boeing-Werk in Wichita zum Einbau in die B-29. Das anschließende Umrüstungsprogramm führte zur Produktion von 40 KB-29M-Tankflugzeugen und 40 B-29MR-Empfängern.

Am 30. Juni 1948 aktivierte das Strategic Air Command seine ersten beiden KB-29M Staffeln: die 43rd Air Refueling Squadron auf der Davis-Monthan AFB, Arizona, und die 509th Air Refueling Squadron auf der Walker AFB, New Mexico. Zwanzig Jahre nach dem »Question Mark«-Flug hatte die Luftbetankung eine operationelle Reife erreicht. Es war eine große Ehre für General Carl Spaatz, für die Operation verantwortlich zu sein. Flight Refueling erhielt eine Welle von Aufträgen. Und da die Amerikaner nur ungern von einem strategischen Instrument eines ausländischen Unternehmens abhängig werden wollten, wurde in Danbury, Connecticut, eine amerikanische Tochtergesellschaft namens Flight Refueling Inc. gegründet.

Auch die B-50, die Weiterentwicklung der B-29 mit den leistungsfähigeren R-4360-Sternmotoren, wurde in einen Empfänger umgewandelt. Die Umrüstung der KB-29M war in vollem Gange, als die Grenzen des Schleifenschlauchsystems offensichtlich wurden. Die Air Force bat deshalb Boeing, eine bessere Lösung zu entwickeln,

Der ursprüngliche Boeing-Vorschlag für den fliegenden Ausleger umfasste eine Modifikation des Heckturms der B-29 sowie einen neuen Ausleger. Dieser bestand aus einem an einem Trapez aufgehängten Gestell, das das Betankungsrohr trug und durch Kabel gesteuert wurde.

Eine KB-50 betankt eine B-29. Ein Treibstofffluss von 700 Gallonen pro Minute war ein besonderer Bonus für große Bomber, die damit viel kürzere Betankungszeiten hatten. Die Kontrollierbarkeit bei turbulentem Wetter war ein weiteres vorteilhaftes Merkmal des neuen Systems.

Der fliegenden Ausleger war trotz seines uneleganten Gestells eine recht effektive Lösung. Er ebnete den Weg für eine der wichtigsten amerikanischen Innovationen. Eine KB-29 betankt eine F-84.

da das von FRL entwickelte System nur 110 Gallonen Treibstoff pro Minute übertragen konnte und die neuen Hochgeschwindigkeits-Jetbomber in großer Höhe etwas Besseres benötigten. Der erste Schritt von Boeing bestand darin, herauszufinden, welche Formation von zwei B-29 sich über einen längeren Zeitraum besonders eignete, um die Luftbetankung durchzuführen. Die Boeing-Ingenieure wollten nicht die Positionsänderungen vornehmen, die die Flight Refueling-Methode erforderte. Als Ergebnis vieler Testflüge wurde festgestellt, dass die optimale Position, die eine relativ geringe Arbeitsbelastung bei guter Sicht ermöglichte, darin bestand, die Flugzeuge in Schleppformation zu bringen, wobei das hintere Flugzeug vertikal um 25 Fuß und in Längsrichtung um 10 Fuß versetzt war. Auf diese Weise hatte die Besatzung des hinteren Flugzeugs die beste Sicht auf das Führungsflugzeug mit dem geringstmöglichen Abstand. Nach der Bestimmung der optimalen Formation bestand der nächste Schritt für das Boeing-Team in der Verbesserung der Treibstoff-Transfermethode. Das vorgeschlagene System umfasste eine waffenturmähnliche Baugruppe am Rumpf des Tankflugzeugs, von der aus ein starrer Ausleger ausfuhr und in einer Aufnahme am Empfänger einrasten sollte.

Der berühmte »fliegende Ausleger« war geboren, der aus einem Teleskoprohr mit Flossen am Düsenende bestand. Die Flossen wurden »Rudervatoren« genannt, da sie gleichzeitig als Ruder und Höhenruder fungierten. Der Bediener des Auslegers wurde zum neuen Einsatzleiter. Er saß in dem umgebauten Heckturm der B-29 und hatte die Aufgabe, den Ausleger in eine Aufnahme am oberen Rumpf des Empfängerflugzeugs zu führen. Ursprünglich war der Ausleger an einem Trapez aufgehängt und wurde über Seile herabgelassen. Das neue System ermöglichte eine bessere Kontrolle der Betankungsvorgänge, insbesondere bei schlechtem Wetter, und bot dank des Durchmessers des Auslegers von vier Zoll eine viel schnellere Treibstoff-Übertragungsrate. Durch die Verdoppelung des Durchmessers wurde der Treibstofffluss vervierfacht. Nun wurden 700 Gallonen pro Minute zur Standardleistung.

Die Reaktion der Luftwaffe war enthusiastisch. Es wurden mehr als 100 B-29 bestellt, die mit dem neuen fliegenden Auslegersystem ausgestattet waren. Die Flugzeuge wurden nun als KB-29P bezeichnet. Am 1. September 1950 wurde als erste Einheit die 97th Air Refueling Squadron auf der Biggs AFB, Texas, in Dienst gestellt. Alle neuen B-50D wurden nun mit dem Aufnahmesystem für die Auslegerbetankung gebaut. Die neuen Fähigkeiten wurden mit einigen Rekordflügen demonstriert: 1948 flog eine B-50A der 43rd Bombardment Group unter dem Kommando von Oberstleutnant McCoy von der Carswell AFB, Texas, nach Hawaii, warf eine Übungsbombe ab und kehrte dann nach Carswell zurück. Ein noch spektakulärerer Flug wurde 1949 versucht: ein Nonstop-Flug um die Welt. Wieder wurde eine B-50A der 43rd Bombardment Group eingesetzt, aber der erste Versuch am 25. Februar 1949 scheiterte, als die B-50A »Global Queen» Motorprobleme bekam und auf dem Luftwaffenstützpunkt Lajes auf den Azoren notlanden musste. Am nächsten Tag startete das Ersatzflugzeug, die »Lucky Lady II« unter dem Kommando von Captain James Gallagher, in Carswell, Texas, und kehrte am 2. März zurück, nachdem sie einen 94-stündigen und 1-minütigen Flug über 23.452 Meilen mit vier Betankungen während des Fluges über das FRL-Schlauchsystem absolviert hatte.

Es war der Beweis dafür, dass das neu gegründete Strategic Air Command seine Atombomben überall auf der Welt kurzfristig abwerfen konnte. Die Bedeutung der Luftbetankung wuchs rasch, und bis 1951 verfügte die United States Air Force über 20 Staffeln mit insgesamt 318 KB-29M und KB-29P. Ein neues, speziell gebautes Tankflugzeug stand kurz vor seiner Indienststellung: der KC-97 Stratotanker. Flight Refueling schlug vor, die KB-29M auf ein Sonden- und Schlauchsystem umzurüsten, bei dem ein Betankungsschlauch auf einer elektrisch angetriebenen Trommel im Inneren des Tankers montiert ist und das Empfängerflugzeug den Treibstoff über eine feste Betankungssonde aufnimmt. Das System war für Bomber gedacht, wurde aber später bei Kampfflugzeugen äußerst beliebt. Die neue Version des Tankflugzeugs, die YKB-29T, mit einer Schlauchtrommel im Rumpf und zwei Schlauchtrommeln in Hülsen unter den Flügelspitzen, machte drei gleichzeitige Betankungen möglich. Am 22. September 1950 versuchten zwei F-84E, die mit einer in Großbritannien installierten langen Sonde ausgestattet waren, dank der Betankung einer FRL Lancaster, einer FRL Lincoln und einer KB-29M der USAF, zum ersten Mal den Atlantik nonstop zu überfliegen. Eines der Kampfflugzeuge beschädigte die Sonde während der Betankung durch die Lincoln und musste den Versuch abbrechen, nachdem ihm in der Nähe von Labrador der Treibstoff ausgegangen war. Während Oberst Schilling die Ehre hatte, den ersten transatlantischen Düsenflug durchzuführen. Die Verbesserung war dramatisch. Normalerweise erforderte ein Flug vier Zwischenlandungen und mehrere Tage, mit zusätzlichen Wettervariablen. Der Non-Stop-Flug über 3.800 Meilen wurde in nur 10 Stunden und 20 Minuten durchgeführt.

Der erste Einsatz der Luftbetankung im Krieg fand in Korea statt. Die US-Luftwaffe musste die Reichweite der F80- und 84-Düsenjäger erhöhen. Die Flugzeuge waren nicht für die Betankung an einem einzigen Punkt ausgelegt, d. h., es gab keinen Behälter im Flugzeug, an dem alle Tanks befüllt werden konnten. Die Ingenieure der Wright Patterson AFB kamen auf die Idee, nur die externen Abwurftanks zu betanken, indem sie eine Sonde und ein Ventil an die Abwurftanks schweißten. Bei den Geradeausfliegern F-80 und F84E funktionierte dies recht gut, doch bei den F-86 mit gepfeiltem Flügel traten zahlreiche Schwierigkeiten auf: Die Abwurftanks befanden sich außerhalb des Sichtwinkels des Piloten, was den Kontakt erschwerte. Um zu vermeiden, dass das Flugzeug unter der Rollachse unkontrollierbar wurde, bestand das Verfahren darin, den ersten Tank halb voll zu füllen, die Verbindung zum Tanker zu trennen, den zweiten Tank halb zu betanken und die Verbindung wieder zu trennen. Mit den anderen beiden Verbindungen waren beide Tanks voll und die Mission konnte erfüllt werden. Am 6. Juli 1951 wurde der weltweit erste Kampfeinsatz mit Luftbetankung von drei RF-80A durchgeführt, die von Taegu in Südkorea starteten und in der Nähe von Wonsan in Nordkorea auftankten.

Republic begann in der Zwischenzeit mit der Produktion der F-84G für das Strategic Air Command. Das Flugzeug war nun für die Einzeltankbetankung ausgerüstet, und die Einsatzfähigkeit wurde erheblich verbessert. Bei der F-84E konnte nur eine Tonne Treibstoff auf dem Luftweg geliefert werden, während nun alle Tanks gefüllt werden konnten. Die große Bewährungsprobe kam mit den Plänen für die Verlegung eines ganzen Jagdgeschwaders in den Koreakrieg. Am 4. Juli 1952 starteten 60 F-84G von der Turner AFB in Georgia und flogen die 1.800 Seemeilen bis zur Travis AFB in Kalifornien nonstop. Unterwegs wurden sie von 24 KB-29P aufgetankt und dienten als Probe für das Hauptereignis, das als Fox Peter One bezeichnet wurde.

Organisiert von demselben Oberst Schilling, der den ersten Transatlantikflug organisiert hatte, begann Fox Peter One am 6. Juli, als die erste der drei F-84G-Staffeln der 31st FEW von Georgia nach Westen zur Travis AFB flog. In den folgenden drei Tagen wurde jede Staffel von KB-29P über Texas aufgetankt. Später startete der Flug von Travis AFB nach Hickam AFB, Hawaii, der längste des transpazifischen Fluges. Alle Jäger schafften es und erreichten den Luftwaffenstützpunkt Yokota in Japan. Weitere Rekordflüge zeigten die Bedeutung der Luftbetankung. Die Operation Longstride im Oktober 1953 wurde wieder dem Geschwader von Oberst Schilling zugewiesen und schickte acht F-84G zum Luftwaffenstützpunkt Nouasseur in Französisch-Marokko. Die Flugzeuge flogen 3.800 Meilen in 10 Stunden und 20 Minuten und wurden während des Fluges von SAC KC-97 in der Nähe der Bermudas und der Azoren aufgetankt. Das neue Tankflugzeug wurde vom Modell 377 Stratocruiser abgeleitet, das im Inneren viel Platz für Treibstoff, Fracht und Passagiere bot und mit den Flügeln und Triebwerken der Boeing B-50 kombiniert wurde. Mit mehr als 800 gebauten Maschinen wurde es das meistgebaute amerikanische Tankflugzeug.

Eine Boeing KB-50J betankt einen Douglas RB-66B Zerstörer über dem Pazifik.

Eine Boeing B-47 Stratojet nimmt Treibstoff von einer KC-97 in der typischen Nose-Up-Position auf, die durch den Geschwindigkeitsunterschied zwischen Tanker und Empfänger diktiert wird. Die minimale Geschwindigkeit des Bombers lag nahe an der maximalen Geschwindigkeit des Tankers, eine Kombination, die einige geschickte Betankungsmanöver wie den berühmten »Schlitten«-Sinkflug erforderte.

Die KC-97L, die letzte Version der KC-97, war schließlich in der Lage, mit den letzten Düsenjägern und -bombern fertig zu werden, indem sie mit zwei zusätzlichen J-47-Düsentriebwerken ausgestattet wurde, um ihre Geschwindigkeit zu erhöhen. Sie wurde in 81 Einheiten gebaut. Die Kombination von zwei verschiedenen Triebwerkstypen, Kolben- und Strahltriebwerken, die jeweils einen anderen Treibstoff benötigen, war kein großes Problem, da das Flugzeug bereits über separate Tanks für sich selbst (Avgas) und für die zu betankenden Strahlflugzeuge (Jet A-1) verfügte. Doch als die KC-97L in Dienst gestellt wurde, arbeitete Boeing bereits an der Entwicklung des ersten Jet-Tankflugzeugs.

Das Flugzeug hatte jedoch erhebliche Einschränkungen, wenn es darum ging, die neuen Düsenbomber zu betanken. Die KC-97 konnte eine Höhe von 20.000 Fuß erreichen, während die B-47 in 35.000 Fuß flog. Zum Betanken musste der Bomber auf die Höhe der KC-97 sinken und bei 18.000 Fuß mit dem Betanken beginnen. Während das Tankflugzeug leichter wurde, wurde die B-47 schwerer und benötigte mehr Geschwindigkeit, um in der Luft zu bleiben, aber die Betankung wurde bereits nahe der Höchstgeschwindigkeit des Tankflugzeugs durchgeführt. Daher wurde das »Schlitten«-Manöver entwickelt, bei dem beide Flugzeuge in einen flachen Sturzflug übergingen – ein riskantes Unterfangen in turbulenter Luft für zwei große Flugzeuge, die durch einen starren Ausleger verbunden waren. Am Ende des Tankvorgangs musste die B-47 auf ihre Reiseflughöhe steigen und verbrauchte dabei bis zu 50 Prozent des vom Tanker gelieferten Treibstoffs. Glücklicherweise arbeitete Boeing bereits an einem geeigneten Ersatz in Form des ersten Tankflugzeugs mit Düsenantrieb und des ersten speziell als Tankflugzeug konzipierten Flugzeugs, das schließlich in 830 Exemplaren gebaut wurde.

Die KC-97 und KC-135 wurden in großen Stückzahlen gebaut, um im Kalten Krieg die Flotten der nuklear bewaffneten B-47 Stratojet- und B-52 Stratofortress-Bomber rund um die Uhr in der Luft zu halten. Sie sollten mit Vergeltungsmaßnahmen gegenüber einem möglichen sowjetischen Angriff drohen und bereit sein, russische Ziele zu bombardieren. Die Bomber flogen auf Umlaufbahnen um die ihnen zugewiesenen Positionen, von denen aus sie auf Befehl in den sowjetischen Luftraum eindringen konnten. Tankflugzeuge standen bereit, um die Bomber aufzutanken, so dass sie 24 Stunden am Tag in der Luft sein konnten. Diese 24-Stunden-Bereitschaft in der Luft stellte sicher, dass einige Bomber auch dann einsatzbereit sein konnten, wenn ihre Basen durch einen massiven Angriff zerstört wurden. Das »Chrome Dome«-Alarmierungsprogramm wurde 1961 ins Leben gerufen und umfasste eine Reihe von B-52, die den kanadischen Norden und die Meere in geringer Entfernung vom sowjetischen Territorium überflogen, sowie eine große Anzahl von KC-135, die rund um die Uhr zur Betankung bereitstanden. Bis zum Aufkommen einsatzfähiger Interkontinentalraketen waren sie die schnellste Möglichkeit, einen möglichen sowjetischen Angriff zu vergelten. Das Programm wurde bis 1968 durchgeführt und war trotz der hohen Kosten ein wirksames Mittel zur Führung des Kalten Krieges. Es stellte eine äußerst glaubwürdige Abschreckung dar. Die Einstellung der Rund-um-die-Uhr-Einsätze bedeutete nicht das Ende der Einsätze in der Nähe des natürlichen Feindes. Operationen wie »Giant Lance« im Jahr 1973 wurden zu einem häufigen Einsatz, der oft wiederholt wurde. B-52 und die dazugehörigen KC-135-Tankflugzeuge flogen bewaffnet und einsatzbereit von Alaska über Nordkanada und Grönland bis nach Spanien.

Zwei wichtige Flugzeuge auf dem südostasiatischen Kriegsschauplatz waren die F-100 Super Sabre und der KC-135 Stratotanker. Während des Krieges flog die KC-135 194.687 Einsätze und führte 813.878 Luftbetankungen durch. Durchschnittlich 251 pro Tag. Sie transportierte dabei 1,4 Milliarden Gallonen Treibstoff, das sind beeindruckende 4.065.865.927 kg Treibstoff – eine enorme Zahl, die die entscheidende Bedeutung des »Tankerkriegs« bezeugt.

Die Verwendung eines externen Tankbehälters ist eine weitere Erfindung aus den 60er-Jahren. Ursprünglich war das Buddy-Buddy-System dazu gedacht, trägergestützten Flugzeugen die Möglichkeit der Luftbetankung zu geben, fand aber auch viele andere Anwendungen und ist immer noch eine weit verbreitete Methode. Hier wird sie von zwei F-100D getestet.

Der Vietnamkrieg sollte der größte Kriegseinsatz von Tankflugzeugen bleiben. Die aus Guam und U-Tapao kommenden Bomber verließen sich auf die KC-135, um ihre Ziele in Nordvietnam zu erreichen, aber vor allem die taktischen Flugzeuge benötigten eine enorme Unterstützung durch Tankflugzeuge. 1957 wurden die SAC-Kampfflugzeuge dem Tactical Air Command unterstellt oder im Rahmen einer Umstrukturierung außer Dienst gestellt. Die Air Force kaufte nie wieder ein Kampfflugzeug ohne Luftbetankungsmöglichkeit. Anfang 1964 setzte das SAC seine ersten vier KC-135A Stratotanker auf dem Luftwaffenstützpunkt Clark auf den Philippinen ein, und ihre Zahl wuchs rasch. Der Vietnamkrieg war der erste echte »Tankerkrieg«, ein Krieg, der ohne Luftbetankung nicht möglich war. Tankflugzeuge aus dem japanischen Kadena ermöglichten es der schwer beladenen B-52 mit ihrer »Big Belly«-Erweiterung, die 2.000-Meilen-Mission zu absolvieren. Die Arc Light-Mission begann am 18. Juni 1965 mit 30 KC-135, die 27 B-52 auf ihrem Weg zu den Zielen des Vietcong betankten. Die Unterstützung taktischer Flugzeuge führte zu zahllosen Geschichten über die Rettung von Tankflugzeugbesatzungen. Eine der bekanntesten ereignete sich am 31. Mai 1967, als die Tankflugzeugbesatzung von Major Casteel mit der routinemäßigen Betankung von zwei F-104C der Air Force über dem Golf von Tonkin beschäftigt war, als ein Flugzeug der US Navy eintraf, das gefährlich wenig Treibstoff hatte. Die KC-135, die mit einem Ausleger-Fangtrichter-Adapter zur Unterstützung der F-104 ausgestattet war, betankte zwei KA-3-Tankflugzeuge der Navy, zwei F-8 der Navy, zwei F-4 der Navy sowie die ihr zugeteilten F-104. Um die Flugzeuge zu retten, erfolgte eine kurze dreistufige Betankung, bei der die KC-135 einen KA-3 versorgte, während der KA-3 Treibstoff an eine F-8 weitergab. Ohne die Hilfe der KC-135 hätten die Navy-Flugzeuge ihren Flugzeugträger wahrscheinlich nicht erreicht. Diese KC-135-Besatzung erhielt die MacKay-Trophäe für den außergewöhnlichsten Flug des Jahres 1967. Das erste Mal, dass diese Auszeichnung an eine Tankflugzeugbesatzung ging.

Traditionell sind Tankflugzeugbesatzungen die unbesungenen Helden der Betankungsoperationen. Vom Question Mark-Flug bis hin zu den verschiedenen Rekordflügen gingen Auszeichnungen und Medaillen immer an die Empfängerbesatzungen. Und dieses Mal erhielt eine Tankflugzeugbesatzung die verdiente Ehrung.

Die Nachfrage nach Tankflugzeugen wurde im Vietnamkrieg enorm, als nicht nur Bomber, sondern auch taktische Flugzeuge ihre Dienste benötigten. Schwer beladene Flugzeuge wie die F-105 Thunderchief und die F-4 Phantom brauchten Treibstoff auf dem Weg zu und von ihren Zielen. Die Betankung ermöglichte es ihnen, die maximale Bombenlast zu tragen. Auch Such- und Rettungshubschrauber vergrößerten ihre Reichweite durch Luftbetankung, so dass noch mehr Tanker benötigt wurden.

Auf dem Höhepunkt der Tankereinsätze Ende 1972 waren 195 Flugzeuge in Südostasien stationiert. Die Betankung von Jagd- und Aufklärungsflugzeugen in der Nähe von Kampfgebieten war eine arbeitsreiche Angelegenheit. Über Thailand, Laos, Südvietnam und dem Golf von Tonkin wurden mehrere Sammelplätze, so genannte »Anker«, eingerichtet, an denen sich manchmal 50 oder mehr Flugzeuge trafen und über einem weiten Gebiet kreisten, während sie auf die Betankung warteten. Viele Piloten verdankten den Erfolg ihrer Einsätze den Tankflugzeugen, die sie auftankten.

Boeing beteiligte sich an dem Advanced Tanker Cargo Aircraft Program mit einem Derivat des berühmten Verkehrsflugzeugs B-747. Der einzige andere ernsthafte Konkurrent war McDonnell Douglas mit einem Derivat der dreistrahligen DC-10. Eine B-747 und zwei DC-10 wurden zu Testzwecken auf dem Luftwaffenstützpunkt Edwards Air Force Base geflogen, wo sie Luftbetankungen simulierten, um mögliche Probleme mit einer großen Anzahl von Flugzeugen im Bestand der USAF, einschließlich der SR-71, zu untersuchen.

Das strategische Aufklärungsflugzeug Lockheed SR-71 Blackbird war von Anfang an für die Luftbetankung ausgelegt. Ohne Tankerunterstützung wären alle Einsätze unmöglich gewesen. Um normale Start- und Landebahnen benutzen zu können, musste es kurz nach dem Start aufgetankt werden, da es nur wenig Treibstoff geladen hatte. Nach dem Start beschleunigte der Blackbird mit Hilfe von Nachbrennern auf Überschallgeschwindigkeit, um die Aufheizung und Ausdehnung der Struktur zu erleichtern. Das Ausmaß der Temperaturschwankungen führte zu einer erheblichen Ausdehnung der Strukturteile im Reiseflug. Um diese Ausdehnung zu ermöglichen, mussten die Teile im kalten Zustand locker sitzen. So locker, dass sie ständig Treibstoff verlor. Durch die Erwärmung dehnte sich die Zelle so weit aus, dass die Treibstofftanks abgedichtet wurden. Nach dem Überschallflug traf die SR-71 mit einem Tankflugzeug zusammen, um ihre nun fast leeren Tanks aufzufüllen. In der effizientesten Höhe und mit der höchsten Geschwindigkeit konnte sie viele Stunden lang fliegen, ohne aufzutanken. Um den extremen Außentemperaturen standzuhalten, die beim Reiseflug mit Mach 3+ entstehen, verwendete sie den speziellen, mit einem sehr hohen Flammpunkt versehenen Treibstoff JP-7. Die US-Luftwaffe gab die speziell modifizierte Variante KC-135Q in Auftrag, die Änderungen am Treibstoffsystem und an den Betriebsverfahren aufwies. Eine Vermischung des Treibstoffs des Tankflugzeugs mit dem für die Betankung bestimmten Treibstoff während des Flugs wurde dadurch verhindern. SR-71-Flugzeuge wurden nur von KC-135Q-Tankflugzeugen aufgetankt.

Die Betankung des Überschallbombers B-58 Hustler stellte erneut ein Problem für den Geschwindigkeitsbereich dar. Der Deltaflügelbomber befand sich beim Kontakt mit dem Tankflugzeug KC-135 nahe am unteren Teil des Flugbereichs. Die Ausführung der Betankung war hierdurch schwierig, denn die B-58 wurde mit dem Einfüllen des Treibstoffs in die Tanks immer schwerer. Bei einem Treibstofftransfer von 4.000 lbs pro Minute dauerte die Betankung über 20 nervenzehrende Minuten. Ein berühmter B-58-Flug, der durch die Luftbetankung ermöglicht wurde, war die Operation Heat Rise, ein Rekordflug Los Angeles – New York – Los Angeles, der in einer Höhe von 25.000 Fuß mit fünf Luftbetankungen geflogen wurde. Die B-58 absolvierte die 5.690 Meilen lange Strecke in vier Stunden und 41 Minuten. Ein großartiges Ergebnis, das jedoch 10.000 Beschwerden von Bürgern nach sich zog, die von zerbrochenen Fensterscheiben aufgrund der entstandenen Schockwelle berichteten. Dem Überschallflug brachte dies ein schlechtes Image ein. Es führte schließlich zur Streichung von zivilen Überschallflügen außerhalb des Meeres.

Eine B-52H nähert sich dem Ausleger einer KC-135. Ein Verfahren, das unendlich oft durchgeführt wurde. Es zeigt die Stärke der Abschreckung der USAF und die Quintessenz der Luftbetankung: einem strategischen Bomber die Möglichkeit zu geben, seine Ziele zu erreichen.

Das Konzept des »Buddy Refueling« wurde an der Republic F-105 Thunderchief erprobt. Der flexible Schlauch erwies sich als ungeeignet für das große Flugzeug. Der Treibstofftropfen verklemmte sich im Heck des improvisierten Tankers. Daher wurde eine herkömmliche Schlauch-Tropfen-Kombination an einem Ausleger befestigt, der aus dem Bombenschacht des F-105-Tankers herausgezogen wurde. Diese Kombination wurde im Air Force Flight Test Center entwickelt, aber bald wieder verworfen, da sie zu kompliziert war und nur begrenzt Treibstoff liefern konnte.

F-106 der 5th Fighter Interceptor Squadron werden 1981 von einer KC-135A betankt. Die Delta Dagger war das letzte Flugzeug, das ausschließlich als Abfangjäger konzipiert wurde. Es wurde ab 1967 für die Luftbetankung umgerüstet und blieb fast 30 Jahre lang im Dienst.

Die Operation Enduring Freedom von 2001 bis 2004 war Teil des weltweiten Kriegs gegen den Terrorismus . Sie war ein weiterer großer Nutzer von Luftbetankungseinheiten. Auf ihrem Höhepunkt zwischen Oktober 2001 und Februar 2002 flogen die Tankflugzeuge über 5.000 Einsätze. Die Einsätze zur Unterstützung der Afghanistan-Mission wurden ein weiteres Jahrzehnt lang in großer Zahl fortgesetzt. 2008 lieferten die Tankflugzeuge mehr als eine Milliarde Gallonen Düsentreibstoff an Flugzeuge der Koalition. Auf dem Bild betankt eine KC-135R vier F-15 Eagles über Afghanistan.

Der Gewinner des Advanced Tanker Cargo Aircraft Program war die KC-10. Sie wurde der B-747 vorgezogen, da sie von kürzeren Start- und Landebahnen aus operieren kann. Das Programm wurde während des Vietnamkriegs aufgelegt, als Zweifel an der Fähigkeit der Boeing KC-135 aufkamen, den Anforderungen der weltweiten Verpflichtungen der Vereinigten Staaten gerecht zu werden. Die große Anzahl von KC-135, die in Südostasien eingesetzt wurden, hatte die Fähigkeit der USA, die Flotte der atomwaffenfähigen Bomber zu unterstützen, verringert, und so wurde ein neues Angebot für ein Tankflugzeug eingeholt, das eine größere Nutzlast, insbesondere in Bezug auf das Frachtvolumen, als die KC-135 bot. Im Jahr 1972 erhielt Douglas den Zuschlag und beendete damit eine lange Tradition von Boeing-Tankflugzeugen. Eine KC-10 betankt eine FA-18 Hornet der U.S. Navy über Afghanistan.

Nachdem das Strategic and Tactical Air Command und auch die Navy die Luftbetankung ständig nutzten, wurde die Betankung von Hubschraubern in Angriff genommen. Als Hubschrauber nicht mehr als Auffanggerät, sondern als effektive Angriffswaffe betrachtet wurden, stellte sich das Problem der Reichweite und der Schwierigkeit, ein Flugobjekt mit zerbrechlichen rotierenden Flügeln zu betanken. Die erste formelle Anforderung kam 1964 vom Luftrettungsdienst, ein Jahr später folgte die Luftwaffe. Am 17. Dezember 1965 flog ein CH-3-Hubschrauber hinter einer KC-130, die mit einer Sonde und einem Abwurfsystem ausgestattet war. Es funktionierte trotz des Abwinds des Tankers und den Propellerturbulenzen, die von Skeptikern als unüberwindbare Hindernisse angesehen wurden. Es wurde zwar kein Treibstoff umgeladen, aber der Hubschrauber konnte sich problemlos an den Schleppanker anhängen. Nach dem erfolgreichen Test rüstete Lockheed einige C-130 in HC-130P um. Tankflugzeuge, die 7.461 Gallonen liefern können. Das letzte Hindernis der Luftbetankung war überwunden. Später starteten zwei HH-3-Hubschrauber von der Floyd Bennet NAS in der Nähe von New York und flogen 4.157 Meilen nonstop zur Paris Air Show, wo sie von fünf HC-130P-Tankflugzeugen versorgt wurden. Nach der Ausstellung setzten sie ihren Flug mit Luftbetankung nach Vietnam fort, wo sie in der Luftrettung zum Einsatz kamen. Während des Vietnamkriegs konnten die HH-3, die als »Jolly Green Giants« bekannt waren, 3.383 abgestürzte Flieger retten, oft mit Hilfe von Luftbetankung. Spätere Hubschrauber verfügten über eine Betankungssonde als Standardausrüstung: Luftbetankung wurde auch bei Hubschraubern zum Standardthema.

Eine HC-130 der Alaska Air National Guard und ein HH-60 Pave Hawk

Eine HH-60G Pave über Alaska, aufgetankt von der allgegenwärtigen HC-130 Hercules.

Luftbetankung in der United States Navy

Nach 1945 begann die U.S. Navy, die atomare Abschreckungsstrategie konsequent zu verfolgen. Sie hatte laut Gesetz einen eindeutigen Vorteil: Der Atomic Energy Act von 1946 erlaubte keine Atomwaffen auf fremdem Boden. Ein Flugzeugträger trägt die amerikanische Flagge, ist also Heimatgebiet. Was fehlte, waren Langstreckenflugzeuge, um die atomare Ladung von den Trägern aus zu transportieren: Luftbetankung wurde auch für die Navy eine Notwendigkeit. Ab 1949 erhielt die Marine die North American AJ-1 Savage, ihr erstes atomares Angriffsflugzeug. Mit zwei R-2800-Sternmotoren besaß sie eine Reichweite von 1.500 nm. Somit war ein Start von der Ägäis aus gegen Moskau möglich, aber nicht die Rückkehr in ein befreundetes Gebiet.

Ab 1953 setzte die Marine die AJ-1 auch als Tankflugzeug ein, das unter der Bezeichnung AJ-2 zum ersten schiffsgestützten Betankungsflugzeug wurde. Im September 1955 sollten alle in Produktion befindlichen Kampfflugzeuge mit einer Sonde für die Betankung im Flug ausgestattet werden. Dies galt auch für alle künftigen mit einziehbaren Sonden versehenen trägergestützten Flugzeuge. Die Sonden an bestehenden Flugzeugen mussten aber mit einigen Vorrichtungen nachgerüstet werden, was oft zu schwierig zu bedienenden Lösungen führte.

Ab 1956 wurden die AJ-2 durch die größere Douglas A-3D ersetzt. Sie konnte effektive 3.350 Gallonen liefern, beanspruchte aber kostbaren Platz auf den Flugzeugträgern. So begann die Entwicklung der »Buddy Stores«, Betankungseinheiten, die aus einem Tank, einem selbstversorgenden Generator und einer Schlauchhaspel bestehen und als Außenlast sogar an leichten Kampfflugzeugen wie der Douglas A-4 Skyhawk angebracht werden konnten, die so zu Lufttankflugzeugen umfunktioniert werden konnten. Natürlich war die Treibstoffmenge begrenzt, typischerweise 300 Gallonen, aber dies löste das Problem des fehlenden Platzes für die Unterbringung einer Reihe großer A-3D-Tankflugzeuge. Später wurde die Rolle des Tankers in der Marine von der Grumman KA-6 Intruder übernommen, einem brauchbaren Flugzeug, dem jedoch die zusätzliche Kapazität der Skywarrior fehlte. Später wurde die Tankerrolle auf Flugzeugträgern auch von der Lockheed S-3 Viking und der für Luftbetankung ausgerüsteten FA-18 Hornets übernommen.

Die AJ Savage war der erste atomwaffenfähige Bomber der Marine, der an Bord eines Flugzeugträgers gelandet werden konnte. Sie war auch das erste schiffsgestützte Luftbetankungsflugzeug, das sehr beliebt war.

Die Savage wurde von zwei Pratt & Whitney R-2800-Sternmotoren und einem Allison J-33-Turbotriebwerk im hinteren Rumpf angetrieben, um einen zusätzlichen Geschwindigkeitsvorteil gegenüber dem Ziel zu erzielen. Bei der Umrüstung zum XAJ-1-Tankflugzeug wurde das Düsentriebwerk entfernt und durch eine Betankungshaspel, einen Schlauch und einen Treibstoffschlauch ersetzt.

Ende der 1950er-Jahre setzte die US Navy die Douglas AD Skyraider als Tankflugzeug ein. Die Maschine war schnell genug, um die mit 200 Knoten fliegenden Jets zu betanken. Im Sinkflug schaffte sie bis zu 300 Knoten. Das Foto von 1959 zeigt einen Skyraider in typischer Nose-Up-Position beim Auftanken einer F3H Demon. In der Grundkonfiguration wurde der Treibstoff in den beiden 400-Gallonen-Abwurftanks und dem 300-Gallonen-Kapazitätstank mitgeführt. In der Konfiguration mit erweiterter Reichweite enthielt der linke Abwurftank Düsentreibstoff und der rechte Flugbenzin.

Die A-3D Skywarrior war das beste Tankflugzeug der U.S. Navy und konnte 21.775 Pfund Treibstoff transportieren. Sie war eine Modifikation des A-3-Angriffsflugzeugs und wurde häufig in Südostasien eingesetzt.

Eine Grumman F9F Panther nimmt im August 1952 während der Tests im Naval Air Test Center in Patuxent River, Maryland, Treibstoff von einer Savage auf.

Versuche, das Problem der vertikalen Trennung zwischen Tanker und Empfänger zu lösen, führten zu vielen ungewöhnlichen Kombinationen, bevor Verbesserungen an den Leitwerken dem System die notwendige Stabilität gaben. Ein recht ungewöhnliches Tankflugzeug, eine KB-26, führt eine Testbetankung mit einer nordamerikanischen A-5 Vigilante durch.

Das AAR-Projekt (Automated Aerial Refueling) der NASA dokumentierte und bewertete die Fähigkeit einer F/A-18A als Tankflugzeug im Flug. Ziel war, analytische Modelle für ein automatisches Luftbetankungssystem für unbemannte Luftfahrzeuge zu entwickeln. Das F/A-18-Tankflugzeug war mit einer aerodynamischen Gondel ausgestattet, in der sich die Luftbetankungsausrüstung unter dem Rumpf befand, während das Empfängerflugzeug zur Bewertung der Dynamik des Freistromschlauchs verwendet wurde. Die gewonnenen Daten führten zur Entwicklung automatisierter Luftbetankungsmethoden für unbemannte Flugzeuge.

Die Lockheed S-3 Viking war ein zweimotoriges Flugzeug, das von der U.S. Navy in erster Linie zur U-Boot-Bekämpfung eingesetzt wurde. Sie hatte eine sekundäre Rolle als Tankflugzeug, da sie mit externen Treibstofftanks ausgestattet war, die das Betanken anderer Flugzeuge ermöglichten. Eine Volltankversion, die KS-3A mit einem Fassungsvermögen von 16.600 l (4.382 US gal), wurde realisiert und getestet, ging aber nie in Produktion. Diese Rolle wurde mehreren S-3B mit externen Tanks überlassen.

Das große Flugboot Convair R3Y Tradewind wurde von Allison-T-40-Motoren mit sechs gegenläufigen Propellerblättern angetrieben. Mit 3.600 kg Munition (Bomben, Minen, Wasserbomben, Torpedos) und fünf 20-mm-Zwillings-Kanonen bewaffnet, wurde es zur Schiffsabwehr und als Transporter für Angriffstruppen mit einer Bugklappe zum Be- und Entladen an der Strandlinie vorgesehen. Diese Rolle wurde wegen Manövrierproblemen gestrichen. Drei Tradewinds rüstete man dank der einzigartigen Ausstattung mit vier Betankungspunkten erfolgreich als Lufttankflugzeuge um. Das R3Y-Programm wurde 1958 nach dem Bau von 13 Flugzeugen wegen unzuverlässigen Motoren eingestellt. Zwei Prototypen und drei Serienflugzeuge stürzten ab.

Das Naval Air Test Center erprobte 1958 die F-84F als Tankflugzeug, wobei zwei zusätzliche Unterflügeltanks und eine starre Verlängerung verwendet wurden, um den Schlauch bequem ausfahren zu können. Der Empfänger ist eine Grumman F-11 Tiger.

Das KA-3B Skywarrior-Tankflugzeug war ein Mehrzweckflugzeug. In der EKA-3B-Version wurde eine elektronische Störausrüstung hinzugefügt, ohne die Tankerfähigkeit aufzuheben, so dass die EKA-3B das feindliche Radar stören konnte, während sie darauf wartete, taktische Flugzeuge zu betanken. Sie wurde durch das kleinere und weniger leistungsfähige Tankflugzeug Grumman KA-6D Intruder ersetzt, das in größerer Zahl eingesetzt wurde.

Ein ungewöhnliches Tankflugzeug, das in der US-Marine eingesetzt wurde, war die UC-880. Das einzige Flugzeug dieser Art im amerikanischen Militärdienst, das dem Naval Air Test Center zugewiesen war. Das Flugzeug wurde für den Einsatz bei der Erprobung von Tomahawk-Marschflugkörpern und zur Betankung von Flugzeugen umgebaut und ist hier bei der Betankung einer F/A Hornet zu sehen. Leider wurde die UC-880 im Jahre 1995 bei einem Explosionstest im Frachtraum der NAS Patuxent River, Maryland, zerstört.

Die F-18 Super Hornet hat verschiedene Typen im Arsenal der Marine ersetzt, darunter die A-1/A-4/A-7 in der leichten Angriffsrolle, die A-6 in der mittleren Angriffsrolle, die F-8 und F-4 in der Jagdrolle, die RA-5C als Aufklärungsflugzeug, die EA-5A in der elektronischen Kampfführung und schließlich die KA-3 und KA-6 Tankflugzeuge. Die Standardisierung brachte beträchtliche wirtschaftliche Vorteile und erforderte viele Änderungen an der McDonnell Douglas-Konstruktion.

Für den Einsatz als Tankflugzeug wurde die Super Hornet mit einem Luftbetankungssystem oder »Buddy Store« mit einem externen 330 US gal (1.200 L) Tank mit Schlauchhaspel in der Mittellinie sowie vier externen 480 US gal (1.800 L) Tanks und

internen Tanks ausgestattet, so dass das Flugzeug insgesamt 13.000 kg (29.000 lb) Treibstoff mitführt. Bei typischen Einsätzen von einem Flugzeugträger aus ist ein Fünftel des Geschwaders für die Tankerrolle vorgesehen, was dem Geschwader viel Flexibilität verleiht, aber die Flugzeugzellen der Super Hornet so stark belastet, dass die Marine erwägt, die meisten Einsätze in Friedenszeiten ohne die volle Last der internen Tanks durchzuführen. Für die Flugzeuge, die 6.000 Flugstunden erreicht haben, läuft derzeit ein Service Life Extension Program (SLEP), um die erforderliche Lebensdauer der Zelle zu gewährleisten.

Luftbetankung in der sowjetischen und russischen Luftwaffe

Erste Versuche, Flugzeuge im Flug zu betanken, wurden in der UdSSR bereits in den 1930er-Jahren mit den schweren Bombern Tupolev TB-1 und TB-3 unternommen. Das Betankungssystem nutzte nur die Wirkung der Schwerkraft, wurde aber von der VVS (Voenno-Vozdushnye Sily, die russische Luftwaffe) nicht akzeptiert. Das Aufkommen der Atomwaffen zwang die Sowjetunion und die Vereinigten Staaten dazu, über Möglichkeiten zur Vergrößerung des Aktionsradius ihrer strategischen und taktischen Flugzeuge nachzudenken, um die neuen Bomben abwerfen zu können. In der Sowjetunion wurde an verschiedenen Flugzeugtypen geforscht, bis man schließlich erkannte, dass die einzige geeignete Plattform in den ersten Tagen des Kalten Krieges die Tupolev Tu-4 Bull war, die nachgebaute Kopie der Boeing B-29.

Auch das Betankungssystem wurde von Vakhmistrov aus der Arbeit von Flight Refueling Ltd. abgeleitet, nur die Betankungstechnik war eine rein sowjetische Erfindung. Die Testpiloten Igor Shelest und Victor Vasyatin entwickelten ihr eigenes Flügel-zu-Flügel-System für die Luftbetankung. Ihre Erfindung basierte ebenfalls auf der FRL-Methode, war aber effektiver und einfacher, wenn auch um den Preis eines höheren Risikos. Sie wurde dennoch von den sowjetischen Luftstreitkräften übernommen und bis in die späten 90er-Jahre hinein eingesetzt. Das Flügel-an-Flügel-System gab es nur in der UdSSR, und dann auch nur bei den Flugzeugen Tu-4 und Tu-16. Kein anderes Land nutzte diese Methode, weil es für zu riskant gehalten wurde. Das System wurde Ende 1952 vom OKB-918 entwickelt, dem heutigen Forschungs- und Produktionsbetrieb Swesda, benannt nach G. I. Severin. Die Reichweite der Bomber vom Typ Tu-4, die zu Beginn des Kalten Krieges das Rückgrat der strategischen Luftstreitkräfte der VVS bildeten, reichte für einen Rückflug über amerikanisches Territorium mit einer nuklearen Ladung an Bord nicht aus. Auch die Düsenjäger waren aufgrund des übermäßigen Treibstoffverbrauchs nicht in der Lage, die Aufgabe eines Be-

Obwohl es sich um eine Kopie der amerikanischen B-29 Superfortress handelt, war die Verwirklichung der TU-4 Bull dennoch eine herausragende Leistung. In etwas mehr als zwei Jahren gelang es den russischen Ingenieuren unter dem enormen Druck der Politiker, das fortschrittlichste Flugzeug seiner Zeit zu bauen und zu fliegen. Dabei wurden Shvetsov ASh-73 Triebwerke verwendet, die sich als zuverlässiger erwiesen als die schnell entwickelten Wright R-3350 des amerikanischen Bombers. Das Tankflugzeug verwendete eine Kopie der Installation der amerikanischen KB-29.

gleitjägers von Langstreckenbombern zu erfüllen. Die Konstruktion des ersten sowjetischen Nachkriegsbetankungssystems im Flug wurde 1948 von VS Vachmistrova entwickelt, das als »System von ineinandergreifenden Seilen« bekannt war. Die Verbindung des Tankers mit dem Empfänger erfolgte so, dass die beiden Flugzeuge das Fangseil vom hinteren Teil des Rumpfes aushakten. Während das Fangseil des Empfängers mit einem Endstabilisierungskonus versehen war und eine nahezu horizontale Lage einnahm, nahm das Fangseil des Tankers dank Gewichten am Ende des Seils eine nahezu vertikale Lage ein. Der Tanker mit ausgerolltem Fangseil bewegte sich 8 bis 10 m hinter und 3 bis 4 m über dem Empfänger von links nach rechts, so dass sich die beiden Seile ineinander verhakten und die Besatzung des Empfängers das Fangseil einholte. Dann ließ die Tankerbesatzung den Kraftstoffschlauch über das Seil fallen, der sich automatisch mit dem Kraftstoffkanal des Empfängers verband. Abschließend bewegte sich das Tankschiff etwa 50 m hinter dem Empfänger 12 bis 15 m höher und begann mit dem Abpumpen des Kraftstoffs. Die Unterbrechung der Verbindung erfolgte, als das spezielle Sicherheitsseil losgelassen wurde. Das System wurde zunächst an einem zweimotorigen Tu-2-Bomber getestet, der nur durch Schwerkraft betankt wurde. Es wurde von den zwei Testpiloten und Ingenieure des Versuchsinstituts in Schukowski, Šelest und Vasyanin, zu einem vollautomatischen System verbessert. Um einen Treibstoffschlauch mit einer Schnappvorrichtung am Ende des Empfängers zu verbinden, genügte es, dass der Tanker die Tragfläche mit der Schlaufe des losen Schlauchs über dem nicht verdrahteten Seil des Empfängers überquerte. Die Verbindung erfolgte dann vollautomatisch, ohne die Notwendigkeit, in enger Formation zu fliegen. Sobald die Tanks des Empfängers voll waren, wurde die Treibstoffübertragung automatisch gestoppt und der restliche Treibstoff aus der Treibstoffleitung und dem Betankungsschlauch mittels Druckstickstoff zurück in den Treibstofftank gedrückt.

Der erste erfolgreiche automatische Treibstofftransfer wurde am 16. Juli 1949 realisiert. Das Treibstoffsystem der Tu-4 ermöglichte den Transfer von 10.500 Litern bei 800 Litern pro Minute und einer Geschwindigkeit von 320 bis 350 km/h. Der Einbau des Treibstoffsystems erfolgte im drucklosen Bereich des hinteren Rumpfteils, in der Position des ferngesteuerten Schießturms. Ende 1955 verfügte die Langstreckeneinheit der VVS über 10 Tu-4-Tankflugzeuge und 10 Tu-4 mit Luftbetankung als Empfänger. Ein Jahr später wurde die Flotte der Tu-4 um weitere 13 Maschinen erweitert. Das Betankungssystem wurde auch am Überschall-Jagdflugzeug MiG-19 Farmer erprobt. Die Tu-4-Flotte wurde jedoch nicht weiter ausgebaut, da das erste Tankflugzeug, die Tu-16 Badger, bereits verfügbar war. Das Flügelbetankungssystem erwies sich nach wie vor als das beste und wurde 1953 in das Treibstoffsystem der Tu-16 integriert. Mit einigen Verbesserungen hatte das System nun eine Treibstoff-Transferkapazität von 2.000 Litern pro Minute bei Geschwindigkeiten von 450 bis 500 kmh und Flughöhen zwischen 8.000 und 10.000 m. Die Tankerversion wurde als Tu-16Z bezeichnet und mit einem neuen 10.700 Liter fassenden Treibstofftank, einer Rohrmuffe des Treibstoffschlauchs in der rechten Flügelhälfte entlang des vorderen Trägers realisiert. Der Treibstoffschlauch war 37 Meter lang, hatte einen Außendurchmesser von 88 mm und einen Innendurchmesser von 76 mm und war mit einem Stabilisierungsfallschirm und einer Auffangvorrichtung ausgestattet. Um den Betankungsvorgang mit dem Flügel-zu-Flügel-System zu vereinfachen, der große Anforderungen an die Besatzungen stellte, begann man seit den 1960er-Jahren, das Schlauch- und Fangtrichter-System auf der TU-16 zu evaluieren. Zwischen 1968 und 1970 wurden mindestens 23 TU-16 auf den neuen Status umgerüstet und erhielten die Kodierung TU-16N. Später wurde eine ungenannte Anzahl von TU-16Z ebenfalls auf das Schlauch- und Fangtrichter-System umgerüstet, wiederum mit der Kodierung TU-16N.

In den 1960er-Jahren begann auch die Umrüstung des Mjasischtschew-Bombers M-4 Bison auf die Tankerrolle. Seit den ersten Einsätzen wurde die mangelnde Reichweite der M-4 von der VVS nicht geschätzt, und das Mjasischtschew-OKB stand unter starkem Druck, die Luftbetankung zu erforschen, um die Linie der Bomber am Leben zu erhalten. Um sich von Tupolew OKB und dessen Flügel-zu-Flügel-System zu unterscheiden, installierte Mjasischtschew ein abnehmbares Bombenschacht-Betankungspaket und entwickelte ein eigenes Schlauch- und Zapfventilsystem, das um eine neue KAZ-Schlauchtrommeleinheit herum angeordnet war. Die Installation war so ausgelegt, dass das Tankflugzeug bei Bedarf wieder zum Bombenflugzeug umgerüstet werden konnte. Zwei M-4 wurden 1956 zu Versuchszwecken umgerüstet, eine als Tankflugzeug und die andere als Tankempfänger. Obwohl die Versuche nicht vollständig erfolgreich waren, wurde der Einsatz der M-4 als Tankflugzeug letztendlich bestätigt. Ab den späten 1950er-Jahren wurde die M-4-Flotte auf eine Ein-Punkt-Tankkonfiguration umgerüstet.

Wladimir Wakhmistrow und seine Gruppe entwickelten die Grundlage für das sowjetische Sonden- und Schleppschlauchsystem, das 1953 erfolgreich getestet wurde, um zwei MiG-15-Flugzeuge von einem Tu-4-Tankflugzeug aus ohne Kabel zu betanken. Zwei Betankungspunkte befanden sich an den Flügelspitzen, und die hergestellten Schläuche mit Zapfpistolen wurden mit Hilfe spezieller Teleskoparme, die an den Seiten der Kampfjets befestigt waren, an die Betankungspunkte angedockt. Bei der Mjasischtschew M-4 war die Installation üblicher. Mit einer Betankungstrommel im Rumpf des Bombers.

Das Mjasischtschew-Tankschiff M-4 hatte eine übertragbare Ladung von 40 Tonnen Treibstoff. Die »24 Red«, die sich dem Ende ihrer Dienstzeit nähert, ist in Engels abgestellt.

Eine TU-22 Blinder erhält Treibstoff von einer TU-16N. Die meisten zweimotorigen Bomber wurden ab den 1960er-Jahren für die Empfängerrolle umgerüstet, während die folgende TU-22M Backfire von Anfang an für die Luftbetankung ausgerüstet war.

Das folgende M-4-Derivat, die Mjasischtschew 3M, wurde zwischen den 1970er- und 1980er-Jahren ebenfalls zu einem Tankflugzeug umgerüstet, indem dieselbe Schlauchtrommeleinheit und dieselben Tanks eingebaut und im selben Umbauvorgang die Betankungssonde und die Verteidigungsbewaffnung entfernt wurden. Die 3MS-1 »Bison-B« wurde zum Tankflugzeug »3MS-2«, während die 3MN-1 zum Tankflugzeug »3MN-2« wurde. Das Flugzeug blieb bis 1994 im Einsatz. Mit der Einführung des neuen Sukhoi Su-24 Fencer-Bombers im Jahr 1975 begann die Versuchsabteilung mit der Entwicklung neuer hängender Betankungseinheiten für das Flugzeug, die auch als Buddy-Tanks bekannt sind.

Seit den 80er-Jahren wurde die Fähigkeit zur Luftbetankung für alle neuen taktischen Flugzeuge gefordert, darunter die Su-24M, MiG-29, MiG-31, die Su-27-Serie, einige MiG-25-Modelle sowie die schweren Flugzeuge Tu-95MS, Tu-160, A-50 und Il-80.

Nach der Präsentation des neuen Transportdüsenflugzeugs Iljuschin IL-76 Candid Anfang der 1970er-Jahre war klar, dass dies eine Plattform für ein modernes Tankflugzeug für die russischen Luftstreitkräfte war. Eine IL-76 wurde 1977 zum Dreipunkt-Tankflugzeug umgebaut und konnte bereits 1978 in Dienst gestellt werden. Das speziell als Tankflugzeug konzipierte Flugzeug erhielt ab 1984 die Bezeichnung IL-78 Midas und kann Treibstoff über zwei Unterflügel und einen im Heck abgeben.

Alle werden von einem Bediener im ursprünglich zur Verteidigung vorgesehenen Turm gesteuert. Die IL-78 ist mit zwei abnehmbaren Treibstofftanks für 18.230 Liter ausgestattet, die im Frachtraum installiert sind und eine übertragbare Last von 85.720 kg (188.584 lb) mit Laderaumtanks und 57.720 kg (126.984 lb) ohne Laderaumtanks ermöglichen. Sie ist außerdem mit einem Treibstoff-Abwurfsystem an den Flügelspitzen ausgestattet. Das Flugzeug war im russischen Dienst recht erfolgreich und wird immer noch produziert. Es wurde in Länder wie Algerien, Libyen, China, Indien, Pakistan und die Ukraine exportiert.

Ein Boeing KB-29M Tankflugzeug betankt die B-50A Superfortress Lucky Lady II während ihres Weltumrundungsflugs zwischen Februar und März 1949.

Methoden der Luftbetankung

Geschlungener Schlauch

Die vielen Privatpiloten, die in den ersten Jahren dank der Luftbetankung beeindruckende Langstreckenflüge versuchten und manchmal auch erreichten, brachten keine wesentlichen Verbesserungen gegenüber dem grundlegenden manuellen Einfangen des vom Tankflugzeug heruntergerollten Schlauchs.

Das System wurde als praktische Lösung im September 1934 von Flight Lieutenant Richard Atcherly, einem Geschwaderführer der Royal Air Force (RAF), patentiert, der eine sichere und einfache Methode vorstellte, die als »looped hose« bezeichnet wurde. Sowohl der Tanker als auch der Empfänger zogen Kabel mit Greifern an den Enden hinter sich her. Der Empfänger flog eine gerade Linie, während sich der Tanker dem Empfänger von hinten und von einer Seite näherte. Der Empfänger flog eine gerade Linie, während das Tankflugzeug sich dem Empfänger von hinten und von der einen Seite näherte und dann auf die andere Seite wechselte, wodurch sich die beiden Leitungen kreuzten und berührten. Das Empfängerflugzeug holte dann die Leitungen und den Schlauch vom Tankflugzeug ein. Sobald die beiden Maschinen mit einem etwa 300 Fuß langen Schlauch verbunden waren, zog der Bomber mit einer hydraulisch betriebenen Winde den Kraftstoffschlauch zu seinem Behälter, woraufhin das Tankflugzeug leicht anstieg und die Schwerkraftübertragung des Kraftstoffs begann. Die RAF verfeinerte dieses System weiter und fügte dem Schlauch einen Treibanker hinzu, der einen Widerstand erzeugte und das Abwickeln des Schlauchs im Flug unterstützte. Der Hauptzweck bestand in diesem Fall darin, sicherzustellen, dass der Schlauch hinter dem Flugzeug hergezogen wurde und nicht herumflatterte.

Flight Refueling Ltd. industrialisierte das Konzept und bot die Verwendung für Lancaster- und Lincoln-Bomber an, die von umgerüsteten Halifax-Tankflugzeugen betankt werden sollten. Der Krieg endete jedoch vor deren Einsatz.

Das System wurde von den Briten nicht ausgiebig genutzt, erregte aber die Aufmerksamkeit der U.S. Army Air Force, die nach 1941 begann, Methoden zur Vergrößerung der Reichweite ihrer Bomberflugzeuge zu untersuchen. Man entschied sich für das Luftbetankungssystem mit Schlaufenschlauch, das gegenüber der ursprünglichen britischen Version Verbesserungen erhielt, wie z. B. ein Kohlendioxid-Spülsystem zur Verringerung der Brandgefahr. Die Kabel hatten eine Tragfähigkeit von 2.000 Pfund, die aufgrund der höheren Betankungsgeschwindigkeit und der daraus resultierenden Luftlasten von den im britischen System verwendeten Kabeln mit 1.300 Pfund erhöht wurde. Mit diesem System konnten 1.500 Gallonen Treibstoff in 18 Minuten per Schwerkraft umgeladen werden. Die angegebene Fluggeschwindigkeit während des Betriebs betrug 150 Meilen pro Stunde.

Die Tests zwischen einer Boeing B-17E und einem Consolidated B-24D-Tanker begannen im Sommer 1943 in Eglin Field, Florida, mit dem Ergebnis, dass die Reichweite einer beladenen B-17 von 1.000 auf 1.500 Meilen erhöht werden konnte. Die Armee lehnte das System ab und bevorzugte Bomber wie die B-29, die eine größere Reichweite und Nutzlast versprachen. Als nach 1948 die Luftbetankung zu einer Priorität der US-Luftwaffe wurde, eröffnete Flight Refueling Ltd. eine Tochtergesellschaft in Danbury, Connecticut, und begann mit der Lieferung von Schlauchsystemen für den Einbau in die B-29. Die größte Einschränkung des Systems war die Treibstoffmenge, die mit 110 Gallonen pro Minute exzessive Zeiten erforderte. Boeing begann, den fliegenden Ausleger zu entwickeln, der mit einem doppelten Rohrdurchmesser im Vergleich zum Schlauch 700 Gallonen pro Minute erlaubte. Damit war das Schicksal des Schlingenschlauchs in Amerika besiegelt. Das System wurde kurzzeitig in der Anfangszeit in Russland eingesetzt.

Tanksonde & Fangtrichter

Bei der weltweit am häufigsten verwendeten Methode wird ein flexibler Schlauch verwendet, der von der Schlauchtrommeleinheit (HDU) des Tankflugzeugs abgerollt wird.

Der Fangtrichter oder auch Korb, ähnelt einem Federball und hat im Prinzip aerodynamisch auch die gleiche Funktion wie dieser. An seinem schmalen Ende ist der Korb mit dem Schlauch verbunden und besitzt ein Ventil zur Steuerung und Absperrung des Treibstoffflusses. Der Fangtrichter wird im Flug durch mehrere Flossen stabilisiert und ist mit einem Trichter versehen, der das Einführen der Empfängersonde erleichtert.

Wenn sie nicht gebraucht wird, wird der Schlauch/die Sonde vollständig in die HDU gerollt. Die Sonde ist ein starrer Arm, der in der Nase oder im Rumpf des Empfängerflugzeugs angebracht ist und sich meist in einer festen Position befindet, während die Sonde bei vielen Hochgeschwindigkeitsflugzeugen dank klappbarer Elemente im Rumpf eingezogen wird. Am Ende der Sonde befindet sich ein Ventil, das geschlossen ist, bis es sich mit dem Treibanker verbindet, und wird dann geöffnet, um den Treibstofffluss zu ermöglichen.

Flight Refueling Limited im Vereinigten Königreich war für die Entwicklung der ursprünglichen und erfolgreichsten Ventile in den späten 1940er- und 1950er-Jahren verantwortlich. Später wurden ihre Ventile zur Standardausrüstung in allen NATO-Flugzeugen und ermöglichten so eine weitgehende Interoperabilität zwischen verschiedenen Tankflugzeugen und Empfängern. Das System ermöglicht dank der Flexibilität des Schlauchs höchste Flexibilität beim Kontakt, wenn die Geschwindigkeit zwischen Tanker und Empfänger nicht genau übereinstimmt. Um jedoch strukturelle Schäden an der Sonde zu vermeiden, werden einige Schernieten verwendet, so dass das Treibstoffventil bei fehlerhaften Kontakten oder übermäßigen Seitenkräften vor der Sonde brechen kann.

Eine Boeing KB-50J betankt ein Kampfflugzeug vom Typ FJ-4B V Fury über eine der beiden an den Unterflügeln angebrachten Sonden.

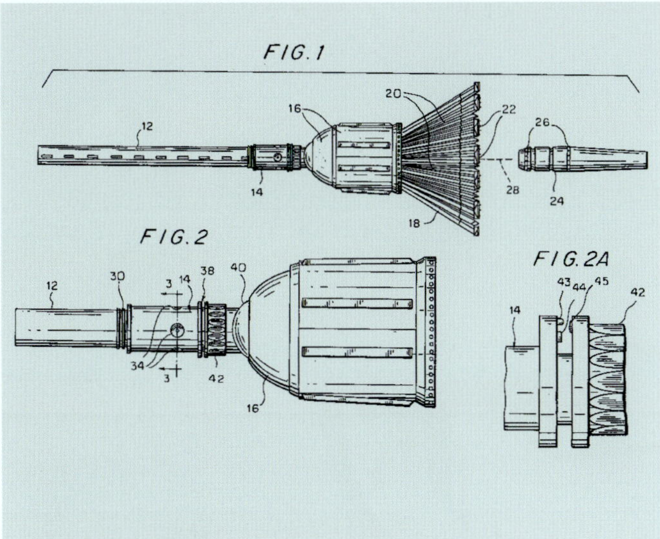

In Anlehnung an das amerikanische Patent US3475001 aus dem Jahr 1969 für das Sonden- und Treibanker-System bietet das System Verbesserungen in Bezug auf die »Tendenz der Sondenventile, sich beim Lösen von Sonde und Treibanker im Treibanker zu verfangen«. Dies hat zu einer Beschädigung des Sondenventils oder des Sondenventilschafts geführt, so dass die Sonde ohne Reparatur nicht mehr funktionsfähig ist.

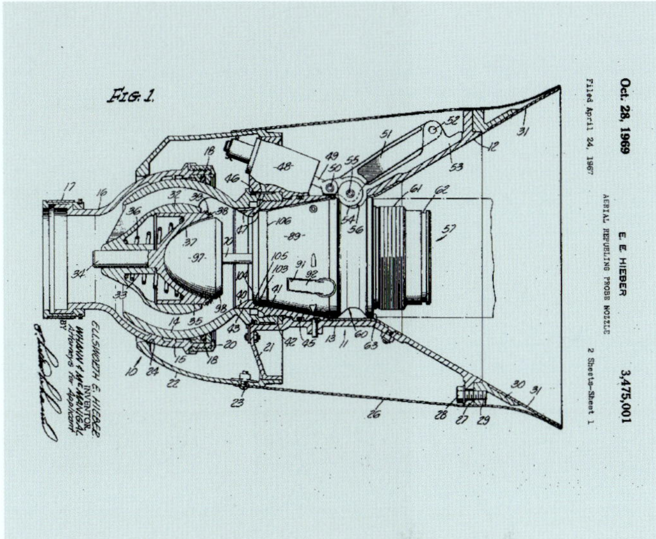

Zeichnung aus einem amerikanischen Patent von 1967, die das Innere des Fangtrichters und das automatische Absperrventil zeigt.

Die versenkte Position des Abwurfsackes in einem KC-10.

Wenn er nicht ausgefahren ist, wird er in der Gondel verstaut. In diesem Fall bei einer RAF VC-10.

Ein Cobham MA-4 Pod, der auf einem A310 MRTT der Luftwaffe installiert ist, wird in der Wartungseinrichtung in Köln gewartet.

Der Schlauch wird über ein Kettengetriebe im Inneren der Gondel verstaut. Standard-Wartungsarbeiten wie Arbeiten an der Pumpe und der Schlauchtrommel oder das Auswechseln einer beschädigten Rippe des Treibspiegels können zu Hause durchgeführt werden, während die Flight Refueling Unit alle fünf Jahre zur größeren Wartung der RAM-Luftturbine nach Cobham in Großbritannien geschickt werden muss.

Tanksonde & Fangtrichter ist das Standard-Betankungssystem von Tankflugzeugen russischer Bauart, wie der indischen IL-78, die mit einem Duo von Su-30-Kampfflugzeugen eingesetzt wird. Gegenwärtig sind die folgenden Betankungskapseln auf russischen Tankflugzeugen im Einsatz:

- UPAZ mit einer Schlauchauszugslänge von 28 m, einem Schlauchinnendurchmesser von 40 mm, mit einer Kraftstofftransferrate von bis zu 1.600 l/min, installiert auf dem Su-24M Tanker. Es wird für die Flugbetankung von Leichtflugzeugen verwendet
- UPAZ -1 mit einer Schlauchauszugslänge von 28 m, einem Schlauchinnendurchmesser von 52 mm, mit einer Kraftstoffffördermenge von bis zu 2.100 l/min.
- UPAZ-1K mit einer Schlauchauszugslänge von 28 m und einer Kraftstofftransferrate von bis zu 2300 l/min. Diese Gondel verfügt über ein digitales Kontrollsystem, so dass der Tankwart die Vorflugbereitschaft des Geräts überprüfen kann, ohne seinen Platz an Bord des Tankers verlassen zu müssen.
- Zvezda GPT 2E, eine Standardausrüstung für russische Kampfflugzeuge, die 2500 Liter pro Minute aufnehmen kann, während die GPT 2MS-Sonde von den größeren Flugzeugen wie den Bombern TU-95MS, TU-142 und TU-160 und Transportern wie der Beriev A-50 und IL-86SH verwendet wird. Sie kann 2.200 Liter Kraftstoff pro Minute umfüllen.

Die HDU kann sich im Rumpf befinden, ist aber am häufigsten in Gondeln zu finden. Ein Bereich, in dem die Cobham plc einen deutlichen Vorsprung hat und die meisten westlichen Typen anbietet.

Das System ist auch in russischer Ausrüstung Standard, wobei verschiedene Sonden verwendet werden, um einen größeren Kraftstoffdurchfluss in großen Flugzeugen zu ermöglichen.

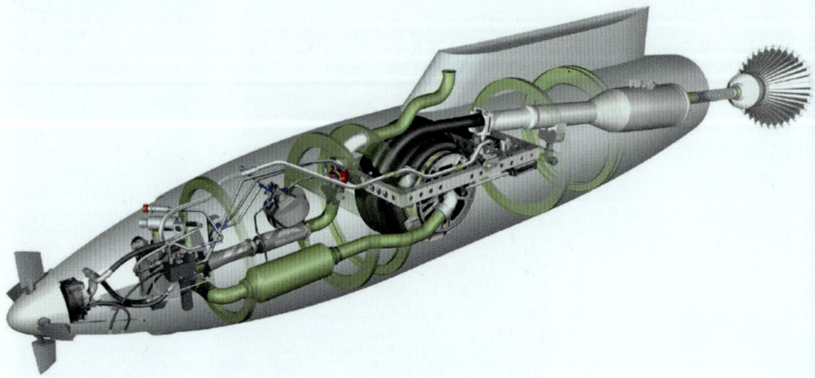

Schnitt durch eine Cobham-Betankungskapsel der Serie 34 mit Ram-Air-Turbine, Kraftstoffpumpe, digitalem Betankungskontrollsystem, Kraftstoffregelventil, Schlauchtrommel und verstauter Fangtrichter-Baugruppe.

Ausleger

Das System entstand in den späten 1940er-Jahren auf Wunsch von General Curtis LeMay, dem Befehlshaber des Strategic Air Command (SAC), der eine Betankungsvorrichtung entwickeln wollte, die den Treibstofftransfer mit einer viel höheren Rate als mit den von den amerikanischen Flugzeugen jener Zeit verwendeten Schlingenschläuchen oder Schläuchen und Zapfpistolen ermöglichen würde. Die neuen Düsenbomber hatten einen alarmierenden Verbrauch und neue Anforderungen des Kalten Krieges, um Ziele in den russischen Gebieten zu erreichen, machten die Luftbetankung zu einem vorrangigen Aufgabenbereich. Die Notwendigkeit, eine angemessene Zeit mit dem Tanker verbunden zu sein, erforderte ein System mit einer schnellen Durchflussrate. Die B-29 war das erste Tankflugzeug, das den Ausleger einsetzte. Die 700 Gallonen pro Minute reichten aus, um Boeing zu bitten, zwischen 1950 und 1951 116 ursprüngliche B-29 in KB-29P umzubauen.

Der ursprüngliche Flugausleger war an einem Gestell aufgehängt, das aus dem hinteren Rumpf des KB-29-Tankflugzeugs ragte. Dessen Streben rahmen im Bild links eine Republic RF-84F ein.

Das System wurde später im weltweit ersten serienmäßigen Lufttankflugzeug, dem KC-97 Stratotanker, eingesetzt, der zum Standard-Tankflugzeug der USAF wurde, bis ein schnelleres, düsengetriebenes Tankflugzeug notwendig wurde, um mit den Geschwindigkeiten der neuen B-52-Bomber und der Vielzahl von taktischen und Luftüberlegenheitsjägern zurechtzukommen, für die die Luftbetankung ein lebenswichtiges Erfordernis wurde. So entwickelte Boeing den Boeing KC-135 Stratotanker, der in großen Stückzahlen realisiert wurde.

Später wurde das System bei der Umrüstung des B-747-Tankflugzeugs verwendet, das von der USAF abgelehnt wurde und nur im Iran, bei der KC-10 und der umgebauten DC-10 Anwendung fand. Das System ist notwendig für alle modernen Tankflugzeuge und wird daher von der KC-46 und KC-767 sowie dem A330 MRTT verwendet. Der Ausleger ist immer am Heck des Tankflugzeugs über eine Kardankugel befestigt, die ein Höchstmaß an relativer Bewegungsfreiheit bietet und ein starres Rohr enthält, das über ein Kugelgelenk mit den Rohrleitungen verbunden ist. Das andere Ende des Rohrs ist mit einem flexiblen Kugelgelenk ausgestattet. Ein Ventil stellt sicher, dass der Treibstoff abgeworfen wird bis der richtige Empfängerkontakt hergestellt ist. Nach dem ordnungsgemäßen Anschluss rasten die Knebel im Behälter ein und halten die Zapfpistole während des Betankens fest.

Der Ausleger verfügt über Steuerflächen, die vom Auslegerfahrer über einen Steuerknüppel bedient werden. Die beiden wichtigsten Bedienelemente sind der Steuerknüppel und das Teleskopieren des Auslegers, mit dem gleichzeitig sein Ende in die Aufnahme des Empfängers eingeführt wird. Sobald ein positiver Kontakt hergestellt ist, wird der Kraftstoff in die Aufnahme gepumpt. Nach Beendigung des Betriebs wird der Ausleger bündig zum Rumpf des Tankflugzeugs verstaut, um den Luftwiderstand zu minimieren. Der fliegende Ausleger kann Treibstoff mit einer Geschwindigkeit von ca. 6.000 Pfund pro Minute umschlagen. Ein einzelner Schlauch kann zwischen 1.500 und 2.000 Pfund Treibstoff pro Minute umschlagen. Im Gegensatz zu Bombern und anderen großen Flugzeugen können Kampfflugzeuge jedoch keinen Treibstoff mit der maximalen Geschwindigkeit des Auslegers aufnehmen. Sie nehmen in der Regel Treibstoff mit einer Geschwindigkeit von 1.000 bis 3.000 Pfund pro Minute auf, sei es über den Ausleger oder über den Schlauch. Somit geht der Hauptvorteil des fliegenden Auslegers gegenüber dem Schlauchsystem bei der Betankung von Kampfflugzeugen verloren, bleibt aber für große Transportflugzeuge und Bomber ein absolutes Muss.

Die KB-29 ist das erste Tankflugzeug, das mit einem fliegenden Ausleger ausgestattet ist. Auf dem Bild von 1951 ist eine Formation von KB-29P Superfortress der 91st Luftbetankungsstaffel zu sehen.

Die Betankung der F-105 wurde während des Vietnamkriegs zu einem wichtigen Faktor. Mit einer Kampfreichweite von 780 Meilen waren die schwer beladenen Thunderchiefs absolut abhängig von der Stratotanker-Flotte. Die F-105 war luftbetankungsfähig und wurde zunächst mit einem klappbaren Sondenbetankungssystem konstruiert. Später wurde dies durch einen am Bug zwischen Radom und Frontscheibe montierten Behälter für die Hochgeschwindigkeitsbetankung mit der KC-135 ersetzt. Sobald die Fähigkeit zur Luftbetankung gegeben war, wurde die F-105 als Bomber eingesetzt und nach Nordvietnam geschickt, um dort sofort aufzutanken, die Ziele anzugreifen und auf dem Rückweg erneut aufzutanken.

Die farbigen Markierungen auf dem Ausleger geben der Besatzung des Empfängers einen visuellen Hinweis auf die Position des Auslegers. Bei Nachteinsätzen werden die Markierungen durch ultraviolette Lampen beleuchtet, wodurch sie fluoreszieren.

Der Ausleger der KC-135 ist im eingefahrenen Zustand 28 Fuß (8,53 m) und im ausgefahrenen Zustand 48 Fuß (14,64 m) lang. Er kann 600 Gallonen (2.260 Liter) Treibstoff pro Minute transportieren.

Der Ausleger-Operator auf der KC-135 arbeitet in Bauchlage und steuert über eine Steuersäule das Ruder und das Teleskopieren des Auslegers. Der gesamte Betankungsvorgang ist direkt vor ihm zu sehen.

Der fliegende Ausleger der KC-135 besteht aus einem äußeren Ausleger mit kleinen Rudern, die es dem Bediener ermöglichen, den Ausleger in die richtige Position zu bringen. Der innere Ausleger ist ausfahrbar und dient als Stoßdämpfer während des Betankungsvorgangs.

Dies sind die Steuerungsinstrumente für den Bediener des KC-135-Auslegers, die Azimut, Teleskopierung (Länge des ausgezogenen Rohrs) und Höhenwinkel des Auslegers sowie die Kraftstoff- und Beleuchtungssteuerung anzeigen.

Eine Boeing E-3 AWACS der Royal Air Force ist mit einer KC-135R des 100th Air Refueling Wing der USAF verbunden.

Die KC-10 verfügt über eine Abwandlung der traditionellen Steuerflächen an ihrem McDonnell Douglas Advanced Aerial Refueling-Ausleger (AARB). Der Bediener des Auslegers der KC-10 steuert den Betankungsvorgang über ein digitales Fly-by-Wire-System. Im Gegensatz zu älteren Tankflugzeugen sitzt der Bediener bequem und kann das Empfängerflugzeug durch ein großes Fenster sehen. Während des Betankungsvorgangs mit dem Ausleger werden maximal 4.180 Liter (1.100 Gallonen) Kraftstoff pro Minute in den Empfänger befördert. Bei der Betankung mit Schlauch und Fallschirm beträgt die maximale Geschwindigkeit 1.786 Liter (470 Gallonen) pro Minute. Die automatische Entlastung und das unabhängige Abkopplungssystem erhöhen die Sicherheit und erleichtern die Luftbetankung erheblich.

Ausleger und Fangtrichter

Die KB-50, die KC-97 und die KC-135 verfügten über die Möglichkeit, den fliegenden Ausleger vor Ort mit Hilfe eines speziellen Adapters in ein Sonden- und Treibanker-System umzubauen. In dieser Konfiguration behält das Tankflugzeug seinen Gelenkausleger bei, hat aber anstelle des üblichen Stutzens einen kleinen Schlauch mit einem Zapfventil am Ende. Im Gegensatz zu den weichen Segeltuchkörben, die in Fangtrichter-Systemen verwendet werden, kommt bei den hier verwendeten Adaptereinheiten ein Stahlkorb zum Einsatz, der bei Marinefliegern wegen seiner unnachgiebigen Art bei fehlerhaften Kontakten als »eiserne Jungfrau« bekannt ist. Die weichen herkömmlichen Fangtrichter nehmen auch dann Kontakt auf, wenn der Empfänger nicht genau in der Achse liegt, während der Metallkorb bei einem auch nur leicht außermittigen Kontakt aus der Position schwenkt und möglicherweise mit dem Flugzeugrumpf in Berührung kommt und Schäden verursacht. Der Bediener des Tankauslegers hält den Ausleger in einer statischen Position, während der Empfänger die Sonde in den Korb fliegt. Der andere große Unterschied bei diesem System besteht darin, dass sich der Schlauch bei Berührung nicht in eine HDU »zurückzieht«. Aufgrund der wesentlich geringeren Positionstoleranz ist die Betankung in dieser Konfiguration im Vergleich zu einem herkömmlichen Schlauch- und Fangtrichter-System wesentlich schwieriger.

Tankbehälter

Ein einfaches, aber effektives Mittel, um ein Flugzeug, das nicht als Tankflugzeug vorgesehen ist, in einen »Buddy-Tanker« umzuwandeln, ist ein externer Behälter, der in der Regel über einen Festpunkt am Bauch des Flugzeugs befestigt wird. Der »Buddy-Store« oder »Buddy-Pod« enthält eine Schlauch- und Abwurfvorrichtung (HDU), eine Kraftstoffpumpe und häufig eine bestimmte Menge Kraftstoff. Der Treibstoff wird aus den internen Tanks des »Buddy Tanker« und aus dem spezifischen Behälter des Pods in einen herkömmlichen Schlauch gepumpt, der mit einem Treibanker stabilisiert und über eine Standardsonde mit dem Empfänger

Eine französische KC-135R überfliegt die Wüste des Tschad mit ausgefahrenem Ausleger und angebrachtem Sondenadapter. Sie bereitet sich auf die Betankung einer Mirage F1 während des Konflikts zwischen Tschad und Libyen vor.

verbunden ist. Dieses einfache System ermöglicht es einer Luftstreitkraft ohne eigene Tankerunterstützung, die Reichweite ihrer Kampfflugzeuge zu erhöhen.

Aus diesem Grund wird dieses System vor allem von Flugzeugträgern genutzt, um ihre Jagd- oder Kampfflugzeuge mit Nachschub zu versorgen, aber auch von landgestützten Einheiten, die keinen Zugang zu einem speziellen Tanker haben, wird der Buddy Pod häufig eingesetzt.

Das System kann verwendet werden, um die Reichweite des Empfängers zu erhöhen oder um einem trägergestützten Flugzeug zu ermöglichen, mit einer schwereren als der üblichen Ladung zu starten, wobei das Flugzeug dann nach dem Start von einem Buddy-Tanker vollständig aufgetankt wird, eine Methode, die zuvor von der Royal Navy beim Betrieb ihrer Supermarine Scimitar und Blackburn Buccaneers verwendet wurde, im Fall der Buccaneer mit einem im Bombenschacht montierten Tank und HDU.

Der Sargent Fletcher Pod 28-300 wurde an den Tornado der Aeronautica Militare Italiana geliefert. Er wurde während des Golfkriegs eingesetzt und später ausgiebig für die Ausbildung der Besatzung des Empfängers verwendet, als die KC-767 verspätet geliefert wurden. 900 kg Treibstoff wird aus der Kapsel und 3.200 kg aus den internen Tornado-Tanks geliefert. Die einzige weitere Luftwaffe, die Tornados mit Buddy-Buddy-Fähigkeit ausgerüstet hat, war die deutsche Luftwaffe.

Zvezda PAZ MK 1 ist der Buddy-Adapter für die trägergestützte MiG-29KKUB der Russischen Marine. Er kann 750 Liter Treibstoff pro Minute umfüllen. Rechts eine MiG-29KUB der Russischen Marine beim Betanken einer indischen MiG-29UPG.

Die Buddy-Buddy-Betankung wurde mit unbemannten Luftfahrzeugen demonstriert. Die DARPA hat Northrop Grumman einen Auftrag erteilt, die Buddy-Betankung von Global Hawks in großer Höhe zu demonstrieren. Das Programm soll als sekundäres Ziel beweisen, dass UAVs in Formation fliegen können.

Mehrere Systeme

Einige Tankflugzeuge verfügen sowohl über einen Ausleger als auch über ein oder mehrere komplette Schlauch- und Zapfventilsysteme. Wenn diese an den Tragflächen angebracht sind, wird das System als Multi-Point Refueling System (MPRS) bezeichnet.

Das Betankungsflugzeug KC-10 der USAF verfügt sowohl über einen fliegenden Ausleger als auch über ein separates, von Cobham plc. hergestelltes Schlauch- und Schleppsystem. Beide befinden sich auf der Mittellinie am Heck des Flugzeugs, so dass nur ein System gleichzeitig verwendet werden kann.

Mit einem solchen System können jedoch alle mit Sonden und Behältern ausgerüsteten Flugzeugtypen in einem einzigen Einsatz aufgetankt werden, ohne dass bei der Landung ein Adapter installiert werden muss. Viele KC-135 und einige KC-10 sind auch mit zwei Schlauch- und Zapfpistolenvorrichtungen unter den Flügeln ausgestattet, den so genannten Wing Air Refueling Pods (WARPs).

Ein modernes Tankflugzeug wie der A330 MRTT, das möglichst vielen Luftstreitkräften dienen soll, kommt nicht um die Notwendigkeit mehrerer Betankungssysteme herum. Bei der Verwendung durch den Konstrukteur zur Zertifizierung von Empfängern sind zwei spanische F-18 an den aus den Unterflügeln ausgefahrenen Drohnen befestigt. Der Betankungsausleger ist dabei sichtbar.

Die amerikanischen und französischen KC-135 wurden mit Sargent Fletcher-Unterflügeln aufgerüstet, um Tanksonde & Fangtrichter-Betankung zu ermöglichen, wie ein Tornado der RAF zeigt.

Von Flügel zu Flügel

Die Methode ähnelt der Sonden- und Treibanker-Methode, ist aber komplizierter: Das Tankflugzeug lässt einen flexiblen Schlauch von seiner Flügelspitze ab. Der daneben fliegende Empfänger muss den Schlauch mit einem speziellen Verschluss unter seiner Flügelspitze einfangen. Nachdem der Schlauch verriegelt und die Verbindung hergestellt ist, wird der Kraftstoff abgepumpt. Das System wurde bei den sowjetischen Tu-4 und Tu-16Z eingesetzt und wurde von den russischen Testpiloten Igor Shelest und Victor Vasyatin entwickelt. Ihre Erfindung basierte ebenfalls auf der Methode der Flight Refueling Ltd., war aber wesentlich effektiver und einfacher. Dieses System wurde später von den sowjetischen Luftstreitkräften übernommen und bis Ende der 1990er-Jahre verwendet, aber kein anderes Land nutzte diese Methode, da man es zu riskant hielt.

Zukünftige Luftbetankung

Mit der herausragenden Entwicklung unbemannter Flüge war es nur eine Frage der Zeit, bis die Luftbetankung davon betroffen sein würde. Die NASA Dryden begann mit der Evaluierung eines automatisierten Luftbetankungssystems für unbemannte Luftfahrzeuge und demonstrierte das Konzept 2012 mit der F/A-18A als Tankflugzeug. Die Betankung eines unbemannten Flugzeugs durch ein herkömmliches Tankflugzeug wurde bereits als Standardfunktion realisiert, und Omega Air hat 2015 die Betankung der Drohne X-47B realisiert. Der nächste Schritt ist ein unbemanntes Flugzeug, das andere Drohnen auftanken kann. Die US-Luftwaffe will sie haben. Der Grund dafür ist einfach: Drohnen wie die RQ-4 Global Hawk können mehr als dreißig Stunden in der Luft bleiben. Aber selbst ein unbemanntes Flugzeug muss früher oder später auftanken. Das bedeutet, dass die Drohne ihren Einsatz unterbrechen muss, um zum Stützpunkt zurückzukehren, oder dass ein bemanntes Tankflugzeug zum Auftanken der Drohne dorthin fliegen muss. Es ist also nur eine Frage der Zeit, bis ein unbemanntes Luftfahrzeug ein anderes unbemann-

Der russische Bomber Tu-16 Badger war der zahlreichste Nutzer der Flügelbetankungsmethode. Das Tankflugzeug ließ einen flexiblen Schlauch von seiner Flügelspitze ab, während der daneben fliegende Empfänger den Schlauch mit einem speziellen Schloss unter seiner Flügelspitze einfangen musste. Nachdem der Schlauch verriegelt und die Verbindung hergestellt war, wurde der Treibstoff gepumpt.

tes Luftfahrzeug auftanken kann. Nachdem die US-Marine die Betankung ihres unbemannten Kampfflugzeugs X-47B demonstriert hat, betrifft die neue Entwicklung ein trägergestütztes unbemanntes Tankflugzeug, die MQ-25A Stingray, zur Betankung von bemannten Flugzeugen und Trägerflugzeugen. Ein neuer Forschungsvorschlag der Air Force sieht vor, dass Drohnen andere Drohnen betanken können.

Der Vorschlag »Aerial Refueling of Unmanned Aerial Vehicles« zielt auf die Entwicklung der Betankung von großen Drohnen wie dem Global Hawk und dem MQ-9 Reaper ab. Eine Möglichkeit besteht darin, Drohnen auf die altmodische Weise mit bemannten Tankflugzeugen zu betanken, oder sie können von anderen Drohnen aufgetankt werden. Dies ist in den aktuellen Kriegsszenarien interessant, in denen die unbemannten Flugzeuge in feindlichem Gebiet operieren. Um den Weg von der Betankungsstelle zum Kampfgebiet zu minimieren, muss der Tanker dem möglichen feindlichen Beschuss ausgesetzt werden, so dass ein unbemannter Tanker eine große Bedeutung erhält. In der Anfrage der Air Force werden fünf besondere Herausforderungen genannt, die durch die unbemannte Luftbetankung bewältigt werden müssen:

- Die beiden Flugzeuge müssen Kollisionen vermeiden, sie müssen die genaue Position des jeweils anderen kennen.
- Das Tankflugzeug oder die Drohne muss schnell reagieren können, wenn ein Problem auftritt.
- Das Tanken muss auch nachts und bei schlechtem Wetter möglich sein.
- Die Betankungsanlage muss leicht sein.
- Unbemannte Flugzeuge fliegen etwas langsamer als ihre pilotengesteuerten Gegenstücke, daher möchte die Luftwaffe ein System, das Drohnen, die mit einer Höchstgeschwindigkeit von 130 Knoten fliegen, auftanken kann.

Boeing, General Atomics und Lockheed Martin nehmen am Wettbewerb für die trägergestützte Drohne MQ-25 Stingray der US-Marine teil. Im Rahmen des MQ-25-Programms der Navy wird eine Betankungsdrohne gesucht, die Katapultstarts und Festlandungen auf Flugzeugträgern durchführen kann und in der Lage ist, 14.000 Pfund Treibstoff auf andere Flugzeuge in einer Entfernung von 500 nm vom Träger zu übertragen.

Eine weitere Entwicklung ist die automatisierte Luftbetankung für herkömmliche Tankflugzeuge. Airbus Defence and Space und die Royal Australian Air Force (RAAF) führten die erste automatische Luftbetankung (A3R) zwischen einem A310 MRTT-Entwicklungstankflugzeug und einem KC-30A MRTT der RAAF durch. Die von Airbus realisierte automatische Betankung beginnt damit, dass der Air Refuelling Operator (ARO) des Tankflugzeugs den ersten Anflug des empfangenden Flugzeugs abwickelt und den Tankausleger ausfährt.

Anschließend sucht der Computer mit Hilfe passiver Techniken wie der Bildverarbeitung die Position des Betankungsbehälters des Empfängers, und das automatisierte System schaltet sich dann ein, um den Ausleger zu fliegen und ihn auf den Empfänger auszurichten.

Während des Einsatzes ermöglicht das System die manuelle Steuerung durch die ARO, wobei die beiden Flugzeuge automatisch in einem relativen Abstand gehalten werden, oder die vollautomatische Steuerung des Einsatzes.

Die Northrop X-47B wurde für die autonome Betankung durch ein Omega Air KB-707 Tankflugzeug getestet. Trotz erfolgreicher Realisierungserfahrungen zog sich Northrop aus dem MQ-25 Stingray-Programm der US Navy zurück.

Das unbemannte Tankflugzeug MQ-25 Stingray der U.S. Navy ist bei einem Testbetankungsflug mit einer F-35C zu sehen. Das Flugzeug kann bis zu 7.250 kg Treibstoff liefern.

Das autonome Tankflugzeug MQ-25 wurde für den Einsatz auf Flugzeugträgern getestet und ist in der Lage, den gesamten Bestand an Empfängern der US-Marine zu betanken, einschließlich der Grumman E-2 Hawkeye.

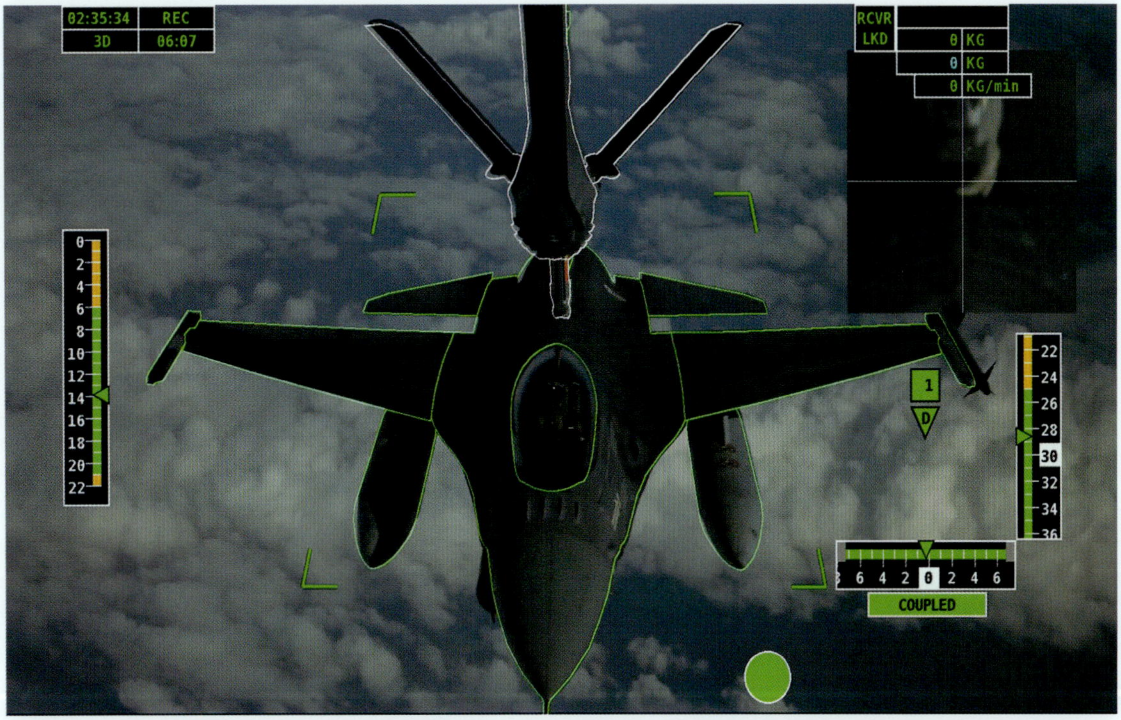

Ein F-16 der portugiesischen Luftwaffe wurde mit dem automatischen Betankungssystem von Airbus getestet. Sobald das System von der ARO aktiviert wird, fliegt das A3R den Ausleger automatisch und hält die Ausrichtung zwischen der Auslegerspitze und der Empfängeraufnahme mit einer Genauigkeit von einigen Zentimetern ein. Ausrichtung und Stabilität des Empfängers werden in Echtzeit überprüft, um einen sicheren Abstand zwischen Ausleger und Empfänger und den optimalen Zeitpunkt zum Ausfahren des Teleskopauslegers zu bestimmen. Während dieses Vorgangs überwacht die ARO den Betrieb.

Die automatisierte Betankung von Großflugzeugen wurde von Airbus mit einem A310 MRTT-Tankflugzeug realisiert. Der Air Refueling Operator beginnt den Betrieb wie gewohnt. Die Bildverarbeitung wird dann zur Bestimmung der Position des Betankungsbehälters des Empfängers verwendet, und wenn das automatisierte System aktiviert ist, fliegt ein vollautomatisches Flugsteuerungssystem und hält den Ausleger auf den Behälter des Empfängers ausgerichtet. Die Bilder zeigen den A330 MRTT der RAAF, der für die Tests verwendet wurde, aus der Sicht des ARO-Bedieners mit der vom Computer ermittelten synthetischen Flugzeugposition.

Zwei der CC-150 Polaris-Flugzeuge der RCAF wurden 2008 zu Tankflugzeugen umgebaut, um die CF-188 Hornet-Kampfjets zu unterstützen. Alle fünf Flugzeuge der RCAF-Flotte werden voraussichtlich im Jahr 2026 das Ende ihrer Nutzungsdauer erreichen.

Moderne Tanker

Airbus A310 Mehrzweck-Tankflugzeug

Der A310 Multi Role Tanker Transport wurde von Airbus auf Anfrage der deutschen Luftwaffe für ein Tankflugzeug auf der Basis der Zelle des A310-Verkehrsflugzeugs realisiert. Die Umrüstung des Verkehresflugzeugs auf ein Tankflugzeug erforderte den Einbau von zwei Betankungskapseln pro Flügel, vier zusätzlichen Treibstofftanks mit einer Gesamtkapazität von fast 78.000 kg und einer Fuel Operator Station (FOS) mit einer hinter dem Cockpit angeordneten Konsole, von der aus der Bediener der Station den Betrieb, die Treibstoffentladung, Kameras, Funkgeräte und die Außenbeleuchtung steuert.

Angesichts des höheren Gewichts waren strukturelle Verstärkungen der Tragflächen und des Flugzeugbodens erforderlich. Es wurde ein spezielles Fernüberwachungssystem entwickelt, einschließlich eines nachtsichtfähigen Videosystems, das den Betrieb sowohl mit sichtbarem Licht als auch mit Nahinfrarotstrahlung ermöglicht. Der Betankungsmonitor wurde in die FOS-Konsole integriert.

Der A310 MRTT absolvierte seinen Erstflug im Jahr 2003 und wurde schließlich in vier Einheiten von der deutschen Luftwaffe übernommen. Als Fracht- und Truppentransporter kann der A310 MRTT 214 Passagiere befördern und erlaubt flexible Kombinationen von Passagieren und Fracht, die auf dem Hauptdeck und in den Laderäumen des Unterdecks untergebracht bzw. verstaut werden können.

Ein von mehreren Interessenten des Tankflugzeugs A310 MRTT angeforderter, fliegender Ausleger wurde entwickelt und ausgiebigen Test unterzogen. Er wurde aber nie in Dienst gestellt. Der einzige andere Kunde außer der Deutschen Luftwaffe war die Royal Canadian Air Force, die ein ähnliches Mehrzweckflugzeug mit der Bezeichnung CC-150 Polaris in kanadischem Dienst betreibt.

AIRBUS A310 MRTT	
Besatzung:	2 bis 3 Piloten und ein Betankungsoperator
Kapazität:	214 Passagiere
Nutzlast:	Abgebbare Tanklast 61.729 lb/sonstige Nutzlast 79.366 lbs (28.000 kg/36.000 kg)
Länge:	155 ft 5 in (47,4 m)
Flügelspannweite:	144 ft (43,9 m)
Höhe:	51 ft 10 in (15,8 m)
Leergewicht:	251.324 lbs (113.999 kg)
Max. Abfluggewicht:	361.554 lbs (163.998 kg)
Triebwerk:	2 × General Electric CF6-80C2-Turbofans, jeweils bis zu 59.000 lbf (262 kN)
Max. Geschwindigkeit:	Mach 0,8 (978 km/h)
Reichweite:	5.524 mi (8.889 km)
Betreiber:	Deutschland, Kanada

Airbus A330 Mehrzweck-Tankflugzeug

Der Airbus A330 200 Multi Role Tanker Transport wurde auf der Grundlage des Verkehrsflugzeugs A330 200 entwickelt. Er hat eine maximale Treibstoffkapazität von 111.000 kg (245.000 lb) ohne den Einsatz zusätzlicher Treibstofftanks, was Platz für die Beförderung von 45.000 kg (99.000 lb) zusätzlicher Fracht lässt. Die Tragfläche des A330 MRTT hat die gleiche Struktur wie die des vierstrahligen A340 mit verstärkten Befestigungspunkten und Vorkehrungen für die Kraftstoffleitungen für die A340-Außentriebwerke.

AIRBUS A330 MRTT	
Besatzung:	2 bis 3 Piloten, 1 AAR-Operator
Kapazität:	291 Passagiere und 8 Militärpaletten + 1 LD6-Container + 1 LD3-Container (Unterdeck-Laderäume)
Länge:	193 ft (58,80 m)
Flügelspannweite:	198 ft (60,3 m)
Höhe:	57 ft (17,4 m)
Flügelfläche:	3.900 ft² (362 m²)
Leergewicht:	275.600 lbs (125.000 kg)
Max. Abfluggewicht:	514.000 lbs (233.000 kg)
Triebwerk:	2 × Rolls-Royce Trent 772B oder General Electric CF6-80E1A4 oder Pratt & Whitney PW 4168A Turbofans, je 320 kN (72.000 lbf) 320 kN
Kraftstoff-Kapazität:	111.000 kg (245.000 lbs) max, 65.000 kg (143.000 lbs) bei 1.000 nmi mit 2 Stunden auf Station
Max. Geschwindigkeit:	475 kn, 547 mph (880 km/h)
Reisegeschwindigkeit:	464 kn, 534 mph (860 km/h)
Reichweite:	8.000 nmi, 9.200 mi (14.800 km)
Dienstgipfelhöhe:	42.700 ft (13.000 m)
Betreiber:	Australien, Deutschland, Frankreich, Katar, Norwegen, Republik Korea, Republik Singapur, Saudi-Arabien, Spanien, Südkorea, Vereinigte Arabische Emirate, Vereinigtes Königreich

Dies erwies sich bei der Umrüstung als nützlich, da die Befestigungspunkte für die Flügelbetankungskapseln bereits vorhanden waren.

Die A330 MRTT-Kabine kann für die Beförderung von bis zu 380 Passagieren in einer Einklassenkonfiguration konfiguriert werden. Sie kann auch für medizinische Evakuierungseinsätze (Medevac) konfiguriert werden, so dass bis zu 130 Standardtrageeinheiten transportiert werden können.

Das Flugzeug kann mit einem optionalen fortschrittlichen Airbus Military Aerial Refueling Boom System (ARBS) ausgestattet werden, das den schnellsten Treibstofftransfer gewährleistet und die Betankung von Flugzeugen ermöglicht. Sie sind mit einem Behälter ausgestattet, wie die F-16, F-15, F-35 und ein weiterer A330 MRTT, der mit einer Universal Aerial Refueling Receptacle Slipway Installation (UARRSI) ausgestattet werden kann.

Der A330 MRTT verwendet zwei Cobham 905E Schlauch- und Fangtrichter-Pods unter den Flügeln, um mit Sonden ausgerüstete Flugzeuge wie den Eurofighter und den Tornado zu betanken. Die Cobham 805E Fuselage Refueling Unit (FRU) an Bord des Flugzeugs gewährleistet die Betankung großer, mit Sonden ausgerüsteter Flugzeuge wie der A400M und der C-295. Die Air-to-Air-Refueling-Systeme (AAR) werden von einer fortschrittlichen Fuel Operator-Konsole im Cockpit gesteuert, während die Betankung bei Tag und Nacht durch ein Videoüberwachungssystem unterstützt wird. Das Flugzeug ist bei der Royal Australian Air Force, der UAE Air Force, der Royal Air Force, der Republic of Korea Air Force, der Royal Saudi Air Force und der Republic of Singapore Air Force im Einsatz.

Es wurde während eines von drei Beschaffungsprogramme, der USAF KC-X Request for Proposal, die die gesamte KC-135-Flotte ersetzen sollten, ausgiebig mit dem amerikanischen Arsenal getestet. Das Flugzeug sollte als Northrop-Grumman KC-45A im amerikanischen Werk in Mobile realisiert werden. Im Jahr 2008 gab die USAF bekannt, dass die KC-45A ausgewählt wurde. Doch nach Protesten von Boeing wurde ein weiterer Wettbewerb gestartet, bei dem Northrop-Grumman beschloss, sich zurückzuziehen, da die Kriterien zugunsten des Boeing-Vorschlags ausfielen.

Die Royal Australian Air Force war der erste Exportkunde für den A330 MRTT. Ein australisches KC-30-Tankflugzeug hat eine Reihe von Luftbetankungsversuchen zwischen dem KC-30A MRTT und dem E-7A Wedgetail Airborne Early Warning and Control Flugzeug durchgeführt.

Während des Wettbewerbs für die KC-X-Ausschreibung der USAF, mit der die gesamte KC-135-Flotte ersetzt werden sollte, wurde der A330 MRTT ausgiebig mit amerikanischen Empfängern getestet, wobei der europäische Tanker von Northrop Grumman als KC-30 für die Montage in einer neuen Anlage in Mobile, Alabama, vorgeschlagen wurde. Im Jahr 2008 wurde die KC-30 zum Sieger erklärt. Aber später gab das United States Government Accountability Office einem Protest von Boeing statt und eröffnete den Wettbewerb neu. 2010 zog sich Northrop Grumman mit der Begründung aus dem Ausschreibungsverfahren zurück, es sei zu günstig für Boeing.

Airbus A400M

Die A400M Atlas verfügt über eine abnehmbare Betankungssonde, die oberhalb des Cockpits angebracht ist, damit das Flugzeug Treibstoff von Tankflugzeugen mit Auslegern aufnehmen kann. Optional kann die Betankungssonde durch einen am Rumpf montierten UARRSI-Behälter ersetzt werden, um Treibstoff von mit Auslegern ausgerüsteten Tankflugzeugen aufzunehmen. Das Flugzeug kann auch als Tanker fungieren, wenn es mit zwei an den Flügeln montierten Schlauch- und Tankbehältern unter den Flügeln oder einer Schlauch- und Trommeleinheit in der Mittelachse ausgestattet ist. Es hat eine Basistankkapazität von 50,8 Tonnen, die durch zusätzliche Laderaumtanks erhöht werden kann. Die A400M ist bereits serienmäßig für die Luftbetankung ausgerüstet. Um zum Tankflugzeug zu werden, muss das optionale Luftbetankungsset installiert werden. Die Tanker-Zertifizierung wurde 2019 nach einer gemeinsam mit dem Testzentrum der spanischen Luftwaffe durchgeführten Kampagne erteilt, bei der insgesamt 90 Tonnen Treibstoff an F-18-Empfänger der spanischen Luftwaffe und an eine weitere A400M, die einen schweren Empfänger darstellt, geliefert wurden. Ejercito del Aire ist stark in die Entwicklung des A400M-Tankflugzeugs involviert, da die spanischen Luftstreitkräfte einen Ersatz für ihre alternden KC-130-Tankflugzeuge benötigen. Die Ursprünge des A400M gehen auf ein im Dezember 1982 von Aerospatiale, British Aerospace, Lockheed und MBB begonnenes Projekt zurück. Das Konsortium hatte den Auftrag, unter der Projektbezeichnung »Future International Military Airlifter« einen geeigneten Ersatz für die Transportflugzeuge der Serien C-130 Hercules und Transall C-160 zu entwickeln. Das Flugzeug erwies sich als effiziente Betankungsplattform für Starrflügler, während Tests mit einem Airbus Helicopter H225M Stabilitätsprobleme zeigten. Wobei die Länge des Betankungsschlauchs von 90 Fuß den Hubschrauber auch zu nahe an das Heck des Tankers brachte. Um das Problem zu lösen, wurden Windkanaltests mit einem von Cobham hergestellten aktualisierten Schlauchdesign durchgeführt. Es wies eine größere Schlauchlänge von 120 Fuß auf. Der dünnere Schlauch führte zu einem langsameren Kraftstofffluss. Die deutsche Luftwaffe setzte eine A400M ihres Lufttransportgeschwaders 62 ein, um die Luftbetankung mit EF-18 der spanischen Luftwaffe zu realisieren. Zusammen mit Frankreich werden sie die ersten drei europäischen Nationen sein, die die Luftbetankungsdienste der A400M nutzen.

AIRBUS A400M	
Besatzung:	2 bis 4 Piloten, 1 AAR-Operator, 1 optionaler Lademeister
Kapazität:	116 Passagiere oder 66 Bahren mit 25 Sanitätern, 37.000 kg Fracht (81.571 lbs)
Länge:	147,97 ft (45,10 m)
Flügelspannweite:	139,1 ft (42,4 m)
Höhe:	48,23 ft (14,7 m)
Flügelfläche:	2.423 ft² (225,1 m²)
Leergewicht:	168.654 lbs (76.500 kg)
Max. Abfluggewicht:	310.852 lbs (141.000 kg)
Triebwerk:	4 × Europrop TP400-D6 Turboprop, je 8.200 kW (11.000 PS)
Kraftstoff-Kapazität:	111.300 lbs (50.500 kg) interner Kraftstoff
Max. Geschwindigkeit:	780 km/h (421 kn, 485 mph)
Reichweite:	1.782 nmi, 2.051 mi (3.300 km) bei maximaler Nutzlast; 3.450 nmi (6.400 km) mit 20 t Nutzlast
Überführungsreichweite:	8.000 nmi, 9.200 mi (14.800 km)
Dienstgipfelhöhe:	40.000 ft (12.200 m)
Betreiber:	Deutschland, Frankreich, Malaysia, Spanien

Ein spanisches A400M-Tankflugzeug betankt einen A400M.

Ein A400M des Konstrukteurs wird von zwei spanischen F-18 während des Zertifizierungsprozesses für den Empfänger eingesetzt. Spanien ist einer der Betreiber, die die Tankerversion des Atlas ausgewählt haben.

Ein A400M der Luftwaffe nahm im Jahr 2023 an der NATO-Übung teil und erhielt eine Gedenklackierung.

Boeing KC-135 Stratotanker

Mehr als 60 Jahre nach ihrem Erstflug ist die KC-135 nach wie vor die am häufigsten eingesetzte und unverzichtbare Maschine für die Luftbetankung. Das erste Flugzeug wurde im Juni 1957 an die Castle Air Force Base ausgeliefert, und mehr als 400 Exemplare sind noch immer bei der USAF und den Luftstreitkräften Chiles, Frankreichs, der Türkei und Singapurs im Einsatz. Es würde den Rahmen dieses Buches sprengen, alle Versionen und Verwendungszwecke dieses Flugzeugs zu beschreiben. In Anbetracht seiner aktuellen Verwendung ist zu bemerken, dass mehr als 415 KC-135 mit neuen CFM-56-Triebwerken modifiziert wurden und die Bezeichnung KC-135R erhielten. Der umgerüstete Tanker kann 50 Prozent mehr Treibstoff abladen und ist 25 Prozent sparsamer. Im Rahmen eines anderen Modifikationsprogramms wurde ein umgerüsteter Tanker mit dem TF-33-PW-102-Triebwerk als KC-135E bezeichnet. Diese Flugzeuge sind noch immer in Chile im Einsatz. Im Laufe der Jahre hat die KC-135 eine Vielzahl anderer Aufgaben übernommen, die von Kommandoposten über Aufklärungsflüge bis hin zu Testprogrammen und elektronischer Kampfführung reichen. Die KC-135R-Flugzeuge werden immer wieder aufgerüstet, um ihre Fähigkeiten zu erweitern und ihre Zuverlässigkeit zu verbessern. Dazu gehörte das Pacer-CRAG-Programm (CRAG=Compass, Radar und GPS), das von 1999 bis 2002 lief und bei dem alle Flugzeuge des Bestandes so umgerüstet wurden, dass die Besatzung keinen Navigator mehr benötigte. Das jüngste Block-Upgrade der KC-135 ist der Block 40.5, der es der KC-135 ermöglicht, das globale Luftverkehrsmanagement zu übernehmen. Die Lebensdauer der KC-135 wird durch neu beplankte Tragflächen und strukturelle Verstärkungen verlängert. Dies gelang bisher in einem größeren Umfang als ursprünglich erwartet. Die KC-135 kann eine Treibstoffmenge von 90.718,4 kg (200.000 lb) mitführen, die in erster Linie über den fliegenden Ausleger abgegeben wird, der auch einen speziellen Federball-förmigen Zapfhahn verwenden kann, um Flugzeuge mit Sonden zu betanken. Einige amerikanische, französische und singapurische Stratotanker sind auch mit Wingtip-Pods ausgerüstet, um gleichzeitig mit Sonden ausgestattete Empfänger zu betanken. Die KC-135 wurde ursprünglich zur Unterstützung der Bomber des Strategischen Luftkommandos angeschafft, aber seit den späten 60er-Jahren wurden ihre Dienste von allen taktischen Flugzeugen der USAF, der US Navy und des US Marine Corp. benötigt.

Das Strategische Luftkommando (Strategic Air Command, SAC) hatte den KC-135 Stratotanker von 1957 bis 1992 im Einsatz. Nach einer Umstrukturierung, die 1992 zur Inaktivierung des SAC führte, wurden die meisten KC-135 dem neu geschaffenen Air Mobility Command (AMC) zugewiesen. Während das AMC den größten Teil der Luftbetankungsmissionen übernahm, wurde eine kleine Anzahl von KC-135 auch direkt den US-Luftstreitkräften in Europa (USAFE), den Pazifik-Luftstreitkräften (PACAF) und dem Air Education and Training Command (AETC) zugewiesen. Alle KC-135 des Air Force Reserve Command (AFRC) und der größte Teil der KC-

BOEING KC-135R	
Besatzung:	3 Piloten, Kopilot und Auslegerbediener
Kapazität:	37 Fahrgäste
Nutzlast:	83.000 lbs (37.600 kg)
Länge:	136 ft 3 in (41,53 m)
Flügelspannweite:	130 ft 10 in (39,88 m)
Höhe:	41 ft 8 in (12,70 m)
Flügelfläche:	2.433 ft² (226 m²)
Leergewicht:	98.466 lbs (44.663 kg)
Rüstgewicht:	297.000 lbs (135.000 kg)
Nutzlast:	200.000 lbs (90.700 kg)
Max. Kraftstoffmenge:	200.000 lbs (90.700 kg)
Max. Abfluggewicht:	322.500 lbs (146.000 kg)
Triebwerk:	4 × CFM International CFM56 (F108-CF-100) Turbofan, je 21.634 lbf (96,2 kN)
Dienstgipfelhöhe:	42.700 ft (13.000 m)
Max. Geschwindigkeit:	580 mph (933 km/h)
Reisegeschwindigkeit:	530 mph (853 km/h) bei 30.000 ft (9.144 m)
Reichweite:	2.419 km (1.500 mi) mit 68.039 kg (150.000 lbs) Transferkraftstoff
Überführungsreichweite:	11.015 mi (17.766 km)
Dienstgipfelhöhe:	50.000 ft (15.200 m)
Betreiber:	Chile (KC-135E), Frankreich, Singapur, Türkei, USA

135-Flotte der Air National Guard (ANG) wurden von der AMC übernommen, während die KC-135 der Alaska Air National Guard und der Hawaii Air National Guard von der PACAF übernommen wurden.

Die USAF hat beschlossen, die KC-135-Flotte durch die neue KC-46 zunächst zu ergänzen und schließlich zu ersetzen. Aber die Flotte der Stratotanker ist so groß, dass die KC-135R voraussichtlich bis zum Jahr 2040 im Einsatz bleiben wird.

Die Starts der KC-135A waren immer dann laut und spektakulär, wenn die Wassereinspritzung bei Volllast oder auf kürzeren Startbahnen eingesetzt wurde. Etwa 670 Gallonen demineralisiertes Wasser wurde 120 Sekunden lang verwendet, um den Schub zu erhöhen, ohne das Triebwerk zu überhitzen.

Das Air Mobility Command (AMC) verfügt über 396 Stratotanker (Jahr 2022), von denen das Air Force Reserve Command (AFRC) und die Air National Guard (ANG) 243 Einheiten zur Unterstützung der AMC-Mission betreiben.

Boeing KC-707 Tankflugzeug

Trotz der äußerlichen Ähnlichkeit ist die Boeing B-707 keine Version der KC-135. Die KC-135 wurde ausschließlich für den militärischen Markt entwickelt, während die B-707 ursprünglich ein Verkehrsflugzeug war. Der Rumpf weist einen anderen Querschnitt und eine andere Länge auf, die Tragflächen sind anders geformt, die Strukturkonstruktion der B-707 folgt den Grundsätzen der »ausfallsicheren« Konstruktion, während die leichtere KC-135 als »Safe-Life«-Struktur konzipiert wurde. Sogar die Aluminiumlegierungen sind unterschiedlich. Es gibt jedoch ein gewisses Maß an Gemeinsamkeiten bei Systemen und Teilen, so dass aus diesem Grund die U.S. Air Force eine Reihe stillgelegter B-707-Flugzeuge erworben hat, um sie als Ersatz für ihre KC-135 zu verwenden.

Die KC-707 ist das Tankflugzeug, das weltweit die meisten Betreiber ausgerüstet hat und von Australien, Brasilien, Kanada, Kolumbien, Indonesien, Iran, Israel, Italien, Marokko, Saudi-Arabien, Südafrika und Spanien übernommen wurde. Auch heute noch ist sie das wichtigste Tankflugzeug in Israel und im Iran, nicht zu vergessen bei einem wichtigen privaten Betreiber wie Omega Air. Es gab verschiedene Unternehmen, die Umbauprogramme für die zivile B-707 anboten, wobei Israel Aircraft Industries der wichtigste Akteur war. Jede Umrüstung hatte unterschiedliche Besonderheiten, was zu unterschiedlichen Bezeichnungen wie KC-707, K-707, KC-137 und T-17 führte.

Alle Umrüstungen gingen von der Serie B-707 300 mit längerem Rumpf und interkontinentaler Reichweite aus, mit Ausnahme einer einzigen B-707 100, die in Marokko eingesetzt wurde. Die Daten beziehen sich auf die KC-707, die von Omega Air eingesetzt wird, und variieren in Bezug auf Treibstoffmenge und Gewicht zwischen den verschiedenen Umrüstungstypen.

BOEING KC-707	
Besatzung:	4 Piloten, Kopilot, Flugingenieur und Betankungsoperator
Länge:	152 ft 11 in (46,61 m)
Flügelspannweite:	142 ft 5 in (43,41 m)
Höhe:	42 ft 2 in (12,85 m)
Flügelfläche:	3.046 ft² (283,1 m²)
Höhe:	41 ft 8 in (12,70 m)
Max. Abfluggewicht:	414.998 lbs (188.240 kg)
Triebwerk:	4 × Pratt & Whitney JT3D-Turbofan, je 85 kN (19.000 lbf)
Max. Kraftstoffmenge:	160.000 lbs (72.574 kg) für Omega Air Tanker, unterschiedliche Kapazitäten auf verschiedenen Anlagen in anderen Luftstreitkräften
Max. Geschwindigkeit:	626 mph (1.009 km/h)
Reichweite:	5.800 mi (9.300 km)
Dienstgipfelhöhe:	42.000 ft (12.802 m)
Betreiber:	Australien, Kanada, Kolumbien, Indonesien, Iran, Italien, Israel, Marokko, Omega Air, Saudi-Arabien (KE-3A), Spanien und Südafrika

Omega Air ist derzeit die einzige zivile Fluggesellschaft, die berechtigt ist, Militärflugzeuge zu betanken. Sie besitzt eine Flotte von vier K-707 und einer KDC-10. Ein Growler der VAQ-139 wird von einer K-707 über eines der beiden unter dem hinteren Rumpf montierten Pumpen- und Haspelsysteme betankt. Die U.S. Navy und das U.S. Marine Corps sind bei weitem die größten Nutzer der Omega Air Tanker.

Die israelische Luftwaffe ist ein wichtiger Betreiber von lokal umgerüsteten KC-707.

Eine KC-707 der iranischen Luftwaffe im Jahre 1977.

Boeing KC-767 Tankflugzeug

Der Boeing KC-767 International Tanker ist eine Weiterentwicklung des Passagierflugzeugs B-767 200ER. Anfang 2002 nahm die USAF Verhandlungen mit Boeing über die Anmietung von Tankflugzeugen auf Basis der Boeing 767 auf, nachdem sie das auf dem Airbus A330 basierende Tankflugzeug KC-330 für teurer und mit einem höheren technischen Risiko befunden hatte. Die USAF sagte, dass eine Bewertung der beiden Arten »zeigt, dass das EADS-Angebot einen risikoreicheren technischen Ansatz und eine weniger bevorzugte finanzielle Vereinbarung darstellt«. Es hieß auch, dass der größere KC-330 »keine entsprechende Erhöhung der verfügbaren Luftbetankungslast mit sich bringt«.

Das Flugzeug erhielt 2002 die Bezeichnung KC-767A, nachdem es von der US Air Force als Ersatz für ältere KC-135E ausgewählt worden war. Das Tankflugzeug wurde für die italienische und die japanische Luftwaffe entwickelt, die jeweils vier Tankflugzeuge bestellten. Die Entwicklung des Flugzeugs wurde dabei hauptsächlich von Boeing finanziert, in der Hoffnung, größere Aufträge von der US Air Force zu erhalten. Boeings überarbeiteter KC-767-Vorschlag an die USAF wurde im Februar 2011 für das KC-X-Programm unter der Bezeichnung KC-46 ausgewählt. Einziger anderer Betreiber der KC-767 ist derzeit die kolumbianische Luftwaffe.

BOEING KC-767	
Besatzung:	3 Piloten, Kopilot und Betankungsoffizier
Kapazität:	Bis zu 200 Passagiere oder 19.463 l Paletten
Länge:	159 ft 2 in (48,5 m)
Flügelspannweite:	156 ft 1 in (47,6 m)
Höhe:	52 ft (15,8 m)
Leergewicht	181.610 lbs (82.377 kg)
Max. Abfluggewicht:	395.000 lbs (186.880 kg)
Triebwerk:	2 × GE CF6-80C2-Turbofan, je 268 kN (60.200 lbf)
Max. Kraftstoffmenge:	160.660 lbs (72.877 kg)
Max. Geschwindigkeit:	Mach 0,86 (570 mph, 915 km/h)
Reisegeschwindigkeit:	Mach 0,80 (530 mph, 851 km/h)
Reichweite:	6.385 nmi (12.200 km)
Dienstgipfelhöhe:	40.100 ft (12.200 m)
Betreiber:	Italien, Japan, Kolumbien

Am 23. Januar 2007 setzte das Flugtestflugzeug KC-767 einen Programmmeilenstein, indem es seine erste Verbindung mit einem Empfängerflugzeug, einer Boeing B-52 Stratofortress, herstellte. Der »Trockenkontakt« übertrug keinen Treibstoff, sondern sollte den Fly-by-Wire-Teleskopausleger der fünften Generation des Tankers testen. Am 5. März 2007 wurde erstmals Treibstoff auf ein anderes Flugzeugübertragen. Am 12. April 2007 erreichte der Tanker einen weiteren Testmeilenstein, als seine Flugzeugbesatzung beide Flügelbetankungsschläuche erfolgreich aus- und einzog.

Im November 2007 beschloss Boeing, die Umbauarbeiten an den KC-767A-Tankern für Italien und Japan vom Werk des Subunternehmers Aeronavali in Italien zum Boeing-Werk in Wichita zu verlagern, um die Lieferpläne einzuhalten.

Das Boeing KC-767-Tankflugzeug kann für verschiedene Innenausstattungen konfiguriert werden, wobei seine Tankerfähigkeit erhalten bleibt. Das Flugzeug ermöglicht volle Interoperabilität mit Ländern der Europäischen Union und der Nato. Es kann 73.028 kg Treibstoff mitführen, der über ein fortschrittliches Auslegersystem, zwei Luftbetankungsbehälter an den Flügeln und eine Schlauchtrommeleinheit in der Mittelachse übertragen wird.

Der Luftbetankungsausleger kann 3.407 Liter Treibstoff pro Minute umfüllen, während die Schlauchtrommeleinheit und die Luftbetankungspods an den Flügelspitzen 2.271 Liter bzw. 1.514 Liter pro Minute liefern können. Im Gegensatz zum Bediener des KC-135-Auslegers, der in Bauchlage arbeiten muss, verwendet der KC-767-Bediener eine ferngesteuerte Station mit Videobildschirm (RARO – Remote Air Fueling Operator Station). Der Tankerbediener kann den Betankungsvorgang sowohl mit dem starren Ausleger als auch mit Schlauch- und Fangtrichter-Systemen verfolgen und steuern.

Der Arbeitsplatz ist mit Monitoren, Joysticks und Bedienelementen ausgestattet, die es dem Bediener ermöglichen, den Ausleger über das HMD-System (Head Mounted Display) zu steuern, einem Viewer, der die von den externen Kameras aufgenommenen dreidimensionalen Bilder überträgt.

Eine KC-767A der Aeronautica Militare Italiana bereitet sich auf die Betankung von vier Saab JAS-39 Gripen der tschechischen Luftstreitkräfte während des European Air Refueling Training (EART) im Jahr 2014 vor.

Fern der Heimat überfliegt MM62226 die Wüste von Kuwait. Am 3. Januar 2017 erreichte die KC-767A von Aeronautica Militare den Meilenstein von 3.000 Flugstunden im Einsatz.

Eine KC-767 der italienischen Luftwaffe.

Boeing KC-46A Tankflugzeug

Die Ursprünge der Boeing KC-46 lassen sich bis in die Zeit nach dem Ende des Kalten Krieges zurückverfolgen. In den 1990er-Jahren konkretisierten sich erstmals Überlegungen, die alternde KC-135-Flotte der U.S. Air Force zu ersetzen. Der US-Bundesrechnungshof empfahl 1996 in einer Studie, die Erneuerung voranzutreiben, da man annahm, dass die Betriebs- und Wartungskosten steigen und die technischen Probleme der mittlerweile rund 35 Jahre alten Flugzeuge in der kommenden Zeit zunehmen würden. Die US-Luftwaffe sah nach einer eigenen Untersuchung aus dem Jahr 2001 (KC-135 Economic Service Life Study) aber keinen Grund zur Eile, weil die strukturelle Lebenserwartung von 36.000 Flugstunden bei der KC-135E und 39.000 bei der KC-135R noch bis ins Jahr 2040 reichen würde. Aus diesem Grund wollte man mit der Beschaffung neuer Tankflugzeuge schließlich bis ins Jahr 2012 warten.

Als Boeing der USAF ebenfalls im Jahr 2001 modifizierte B767-200ER als Tanker anbot, schwenkte die Luftwaffe um. Vorgesehen war, 100 KC-767 für die Dauer von sechs Jahren für rund 25 Milliarden US-Dollar zu leasen – mit einer Kaufoption nach dem Ablauf der Leasingzeit, deren Einlösung die Gesamtkosten auf rund 30 Milliarden Dollar gesteigert hätte. Die ersten vier Maschinen sollten ab 2006 geliefert werden, die letzten 20 ab 2011. Sie hätten nach und nach 133 der ältesten KC-135E-Modelle ersetzen sollen.[

Die KC-46A basiert auf dem Verkehrsflugzeug Boeing B-767 200 ER. Im Februar 2011 wurde das Tankflugzeug von der US-Luftwaffe (USAF) als Gewinner des KC-X-Tankflugzeug-Wettbewerbs ausgewählt, um ältere KC-135 Stratotanker zu ersetzen. Der Auftrag umfasst 179 Flugzeuge.

Die Boeing KC-46 verfügt über einen fortschrittlichen Fly-by-Wire-Tankausleger, der auf dem KC-10-Tankausleger basiert, sowie über ein mittig und an den Flügeln des Flugzeugs montiertes Schlauch- und Fangtrichter-System. Der Betankungsausleger kann Treibstoff mit einer Geschwindigkeit von 4.542 Litern pro Minute übertragen, während die Luftbetankungsdüsen an den Flügeln und das Fangtrichter-System in der Mittellinie der Maschine Treibstoff mit einer Geschwindigkeit von 1.514 Litern pro Minute abgeben.

Das Air Refueling Operator System (AROS) des Flugzeugs besteht aus einer doppelten Lehrerstation mit Steuerknüppeln, 24-Zoll-Monitoren, die 3D-Betankungsbilder anzeigen, sowie Datenaufzeichnung und Kamerasystemen. Die Treibstoffkapazität beträgt 96.297 kg (212.299 lb).

Japan wird der erste Exportkunde für das Tankflugzeug Boeing KC-46 sein. Das Muster wird mehreren Luftstreitkräften angeboten und konkurriert mit der Airbus A330 MRT. Das Frachtdeck oberhalb des Betankungssystems kann eine gemischte Ladung aus Passagieren, Patienten und Fracht aufnehmen. Die KC-46A kann bis zu 18 463-Liter-Frachtpaletten befördern. Sitzschienen und das bordeigene Frachtfördersystem ermöglichen die gleichzeitige Beförderung von palettierter Fracht, Sitzen und Patienten-Transportpaletten in einer Vielzahl von Kombinationen.

BOEING KC-46	
Besatzung:	3 Piloten, Kopilot und Betankungsoffizier
Länge:	165 ft 6 in (50,5 m)
Flügelspannweite:	157 ft 8 in (48,1 m)
Höhe:	52 ft 0 in (15,9 m)
Flügelfläche:	3.494 ft^2 (283,3 m^2)
Leergewicht:	111.688 lbs (82.377 kg)
Max. Abfluggewicht:	414.998 lbs (188.240 kg)
Triebwerk:	2 × Pratt & Whitney PW4062-Turbofan, je 63.300 lbf (282 kN)
Max. Kraftstoffmenge:	212.299 lbs (96.297 kg)
Max. Geschwindigkeit:	Mach 0,86 (570 mph, 914 km/h)
Reichweite:	6.385 nmi (11.830 km)
Dienstgipfelhöhe:	40.100 ft (12.200 m)
Betreiber:	Japan, USA

Eine KC-46 der USAF betankt eine Boeing C-17 Globemaster.

Eine »Elefantenlinie« der KC-46 der USAF.

EMBRAER KC-390

Embraer beschloss, eine Tankversion seines mittelgroßen Transportflugzeugs KC-390 Millennium zu entwickeln, um in den Nischenmarkt der taktischen Tankflugzeuge einzutreten, deren Abmessungen und Kosten weit von den noch größeren strategischen Tankflugzeugen von Airbus und Boeing entfernt sind. Es handelt sich um ein vielseitiges Flugzeug, das durch den Einbau modularer Komponenten, wie z. B. Roll-on-Roll-off-Tanks, in kurzer Zeit von der Transportrolle zum Tankflugzeug umgerüstet werden kann. Die Embraer KC-390 absolvierte ihren Erstflug im Januar 2015 und wurde im September 2019 erstmals an die Fuerza Aerea Brasileira ausgeliefert. Bis 2023 war die Tankversion einsatzbereit und wurde bei der Übung Salitre IV in Chile gezeigt, bei der eine KC-390 und sechs F-5 50 Kampfeinsätze absolvierten.

EMBRAER KC-390	
Besatzung:	3 Piloten, Kopilot und Betankungsoffizier
Länge:	115 ft 6 in (35,2 m)
Flügelspannweite:	114 ft 9 in (35,05 m)
Höhe:	38 ft 8 in (11,84 m)
Leergewicht:	163.973 lbs (74.377 kg)
Max. Abfluggewicht:	178.574 lbs (81.042 kg)
Triebwerk:	2 × IAE V2531-E5-Turbofan, je 139 kN (31.330 lbf)
Max. Kraftstoffmenge:	50.706 lbs (23.000 kg)
Max. Geschwindigkeit:	Mach 0,80 (541 mph, 872 km/h)
Reichweite:	(6.143 km); 6.385 nmi (2.821 km) mit 23 t Last
Dienstgipfelhöhe:	36.000 ft (10.972 m)
Betreiber:	Brasilien, Ungarn, Portugal

Eine KC-390 der brasilianischen Luftstreitkräfte.

Iljuschin IL-78 (Midas)

Die Iljuschin Il-78 (Nato-Bezeichnung: Midas) wurde aus dem Militärtransporter Il-76MD abgeleitet. Die ersten speziellen Tankflugzeuge der Sowjetunion waren Varianten bereits existierender Bomber wie die Tupolev Tu-16 und Myasishchev M-4. Ihre Leistung wurde als unzureichend erachtet, insbesondere da neue Bombermodelle in Dienst gestellt werden sollten (die Tupolew Tu-22M und die Tupolew Tu-160). Im Jahr 1968 begann die Entwicklung eines brandneuen Tankers auf Basis der Iljuschin Il-76. Für den Einsatz als Tankflugzeug reichten seine Leistungen jedoch nicht aus: Es konnte nur weniger als 10 Tonnen Treibstoff auf andere Flugzeuge umfüllen. Anstelle der Basis-Il-76 wurde aufgrund ihrer höheren Treibstoffkapazität die verbesserte Il-76MD-Version als Basis für den neuen Tanker mit dem Namen Il-78 gewählt.

ILJUSCHIN IL-78M	
Besatzung:	6 Piloten, Kopilot, Navigator, Flugingenieur, Lademeister und Betankungsoffizier
Kapazität:	188.980 lbs (85.720 kg) Nutzlast (Treibstoff)
Länge:	152 ft 10 in (46,59 m)
Flügelspannweite:	165 ft 8 in (50,5 m)
Höhe:	48 ft 5 in (14,76 m)
Flügelfläche:	3.200 ft² (300 m²)
Leergewicht:	158.733 lbs (72.000 kg)
Max. Abfluggewicht:	462.971 lbs (210.000 kg)
Max. Kraftstoffmenge:	160.660 lbs (72.877 kg)
Kraftstofftransferrate:	Bis zu 3000 lbs/min (1361 kg/min)
Triebwerk:	4 × Aviadvigatel D-30 KP Turbofan-Triebwerke, Schubkraft 27.000 lbf (118 kN)
Max. Geschwindigkeit:	528 mph; 459 kn (850 km/h)
Reichweite:	4.536 mi; 3.942 nmi (7.000 km)
Dienstgipfelhöhe:	39.370 ft (12.000 m)
Betreiber:	Algerien, China, Indien, Libyen, UdSSR, Russland

Die Il-78 absolvierte ihren Erstflug am 26. Juni 1983 und wurde im Juni 1987 offiziell in Dienst gestellt. Inzwischen arbeitete man an einer Version mit höherer Treibstoffkapazität. Diese Version hieß Il-78M und flog erstmals am 7. März 1987. Insgesamt wurden 32 Il-78, 13 Il-78M und eine einzelne Il-78E (eine nach Libyen exportierte Version) bei der Tashkent Aviation Production Association gebaut.

Basierend auf der Il-76MD behält die Il-78-Flugzeugzelle ihre allgemeine Konfiguration bei. Der Bediener befindet sich auf der Position des Heckschützen. Drei Luftbetankungsbehälter werden hinzugefügt: einer unter jedem Flügel und einer am hinteren Rumpf befestigt. Die Il-78 verwendet drei UPAZ-1-Pods, während die Il-78M zwei UPAZ-1 unter den Flügeln und einen UPAZ-1M am hinteren Rumpf verwendet (der UPAZ-1M hat eine bessere Treibstoffübertragungsrate). Die Unterflügelbehälter werden zum Betanken taktischer Flugzeuge verwendet, während der Rumpfbehälter für schwerere Flugzeuge verwendet wird. Die Il-78 nutzt die Tanksonde-and-Fangtrichter-Betankungsmethode. Die Il-78 kann Treibstoff aus ihren internen Tanks und zwei abnehmbaren Tanks im Frachtraum transportieren. Die Il-78M verfügt über drei fest installierte Tanks im Frachtraum. Die Basis-Il-78 kann maximal 57,7 Tonnen Treibstoff (nur interne Tanks) oder 85,7 Tonnen mit den Zusatztanks transportieren, während die Il-78M 105,7 Tonnen transportieren kann. Sie ist in der Lage, drei verschiedene Flugzeuge gleichzeitig mit Hilfe von im hinteren Rumpf und unter den Tragflächen installierten Tankbehältern zu betanken. Das Tankflugzeug Il-76 wurde 1968 konzipiert. Die übertragbare Treibstofflast der ersten Version betrug nur 10 Tonnen. Als die leistungsstärkere Il-76 verfügbar wurde, wurde das Tankflugzeug-Projekt 1982 als Il-78 wiederaufgenommen. Zusätzlich zu der erhöhten Treibstofflast verfügt die Il-78 über zwei abnehmbare 18.230-Liter-Treibstofftanks im Frachtraum, die eine übertragbare Nutzlast von 85.720 kg ermöglichen. Der Bediener arbeitet in der Heckschützen-Station und kann 3 Flugzeuge gleichzeitig betanken. Darüber hinaus können vier Flugzeuge auch am Boden mit herkömmlichen Betankungsschläuchen, die aus dem Frachtraum herausgeführt werden, betankt werden. Die Il-78M ist ein reines Tankflugzeug. Alle Frachtabfertigungseinrichtungen wurden und die Frachttüren wurden entfernt, wodurch etwa 5.000 kg an Strukturgewicht eingespart werden konnte. Die verbesserte IL-78M-90A wird von vier PS-90A-76-Turbotriebwerken anstelle von D-30KP-2 angetrieben und ging 2018 in Produktion.

Zwei Derivate der Basisplattform Il-76, eine russische Frühwarnanlage Beriev A-50, ist mit einem Il-78M-Tankflugzeug verbunden.

Piloten der Marinefliegerabteilung und der Ostsee- und Schwarzmeerflotte, die Sukhoi Su-30SM »Flanker« und Su-24 »Fencer« Kampfflugzeuge fliegen, führen ein Luftbetankungstraining von Iljuschin Il-78-Tankflugzeugen aus durch. Die Marinefliegerabteilung ist nicht mit Tankflugzeugen ausgestattet, da die Su-30SM eine große Reichweite (ca. 3.000 km) hat und Flugzeugträger zur Verfügung stehen, um die Flugzeuge in das Einsatzgebiet zu bringen. Das Luftbetankungstraining ist jedoch wichtig für die Fähigkeit, längere Einsätze durchzuführen.

Lockheed KC-130J Tanker

Die Lockheed Martin KC-130 ist die Grundbezeichnung für eine Familie von Tankflugzeugen, die vom Transportflugzeug C-130 Hercules abgeleitet sind. Eingesetzt wird diese Variante vor allem vom US Marine Corps, da sie im Gegensatz zu anderen Tankflugzeugen langsam genug fliegen kann, um Hubschrauber zu betanken. Diese Fähigkeit hat sich besonders im Vietnamkonflikt bewährt, in dem zum ersten Mal in großen Verbänden Hubschrauber eingesetzt wurden. Da sie ihre Geschwindigkeit nicht weit genug drosseln konnten, waren die KC-135-Tankflugzeuge nicht geeignet, die Hubschrauber in der Luft zu betanken. Diese Aufgabe übernahm die KC-130.

LOCKHEED KC-130J	
Besatzung:	4 Piloten, Kopilot, Crew Chief und Betankungsoffizier/Lademeister
Kapazität:	92 Passagiere oder 64 Soldaten oder 6 Paletten
Nutzlast:	42.000 lbs (19.090 kg)
Länge:	97 ft 9 in, 29,79 m (für C-130J-30 112 ft, 9 in, 34,69 m)
Flügelspannweite:	132 ft 7 in (40,41 m)
Höhe:	38 ft 10 in (11,84 m)
Flügelfläche:	1.745 ft^2 (162,1 m^2)
Leergewicht:	75.562 lbs (34.274 kg)
Nutzlast:	72.000 lbs (33.000 kg)
Max. Abfluggewicht:	Bis zu 175.000 lbs (79.378 kg); normal 155.000 lbs (70.305 kg)
Triebwerk:	4 × Rolls-Royce AE 2100D3 Turboprop, je 4.637 shp (3.458 kW)
Max. Geschwindigkeit:	362 kn (417 mph, 671 km/h)
Reisegeschwindigkeit:	348 kn (400 mph, 643 km/h)
Reichweite:	2.835 nmi (3.262 mi, 5.250 km)
Dienstgipfelhöhe:	28.000 ft (8.615 m) mit 42.000 lbs (19.090 kg) Nutzlast
Betreiber:	Argentinien, Kanada, Italien, Israel, USA

Die KC-130F absolvierte ihren ersten Testflug im Januar 1960 als GV-1 unter dem alten Navy-Bezeichnungssystem. Sie wurde 1962 in Dienst gestellt und war für Luftbetankungsmissionen zur Unterstützung von USMC-Flugzeugen vorgesehen.

Die neueste Hercules, die KC-130J, basiert auf der C-130J Super Hercules. Sie verfügt zu 55 Prozent über die gleiche Zelle wie die Vorgängermodelle und behält die grundlegenden Merkmale der Transport-Herkules bei, wie z. B. die Beförderung von Truppen und Fracht aus der Luft, den Einsatz auf nicht verbesserten Landezonen, die medizinische Notfallevakuierung, die taktische Verlegung von Kampftruppen und Ausrüstung sowie Evakuierungseinsätze.

Die KC-130J kann 27.834 kg (61.364 lb) Treibstoff transportieren, wenn sie mit externen Tanks ausgestattet ist. Sie kann zwei Flugzeuge gleichzeitig mit einer Transferrate von 1.135,6 Litern pro Minute betanken. Auch kann sie kann zur schnellen Bodenbetankung eingesetzt werden.

Die Erfahrungen im Irak und in Afghanistan haben gezeigt, dass eigentlich wenig leistungsfähige, langsame Flugzeuge, die aber über eine enorme Feuerkraft verfügen, wie die A-10 Thunderbolt II und die AC-130 Spectre, von großem militärischen Wert sind. Dies ist unter anderem darauf zurückzuführen, dass die Alliierten einerseits über diesen Schauplätzen über die uneingeschränkte Luftherrschaft verfügen – eine grundlegende Voraussetzungen für den Einsatz von leicht verwundbaren Flugzeugen wie der Spectre – andererseits die oft im Gebirge verschanzten Guerilla-Kämpfer nur mit enormer Feuerkraft wirksam bekämpft werden können. Diese Einsicht führte beim USMC zum Wunsch, wie die U.S. Air Force ebenfalls über Gunships zu verfügen. Genauere Betrachtungen ergaben jedoch, dass der Aufbau und Unterhalt einer Staffel mit zwölf AC-130J-Gunships die gleichen Kosten wie 45 KC-130J-Tankflugzeuge verursachen würden. Als Kompromiss wurde das Programm Harvest Hawk ins Leben gerufen, bei dem die Maschinen nach Umrüstung auch als Angriffsflugzeuge eingesetzt werden können.

Die KC-130 wurde seit dem Vietnamkrieg praktisch bei jeder militärischen Operation des USMC eingesetzt, zuletzt bei der Operation Odyssey Dawn über Libyen, wo sie eine Rettungsaktion für abgestürzte Piloten unterstützte.

Eine KC-130 der spanischen Luftwaffe.

Die KC-130H der argentinischen Luftwaffe.

MCDONNELL DOUGLAS KC-10	
Besatzung:	4 Piloten, Kopilot, Flugingenieur und Betankungsoperator
Länge:	181 ft, 7 in (54,4 m)
Flügelspannweite:	65 ft, 4,5 in (50 m)
Höhe:	58 ft, 1 in (17,4 m)
Flügelfläche:	3.958 ft² (367,7 m²)
Leergewicht:	267.198 lbs (121.199 kg)
Max. Abfluggewicht:	590.000 lbs (265.500 kg)
Triebwerk:	3 Mantelstromtriebwerke F-103 General Electric CF6-50C2 mit einer Leistung von je 52.000 lbf (236 kN)
Max. Kraftstoffmenge:	356.000 lbs (160.200 kg)
Max. Geschwindigkeit:	619 mph (Mach 0,825)
Reichweite:	4.400 mi (3.800 nmi)
Überführungsreichweite:	11.500 mi (10.000 nmi)
Dienstgipfelhöhe:	42.000 ft (12.727 m)
Betreiber:	Niederlande (KDC-10), USA

McDonnell Douglas KC-10 Extender

Der KC-10 Extender basiert auf der McDonnell Douglas DC-10 30. Er wurde als Ergänzung zum KC-135 Stratotanker nach den Erfahrungen in Südostasien und im Nahen Osten entwickelt und zeichnet sich durch eine höhere entladbare Treibstoffmenge und eine große Ladefläche aus. Der Extender ist mit drei Haupttanks an den Flügeln und drei großen Tanks unter der Ladefläche ausgestattet. Er kann Flugzeuge über einen fortschrittlichen Betankungsausleger oder ein Schlauch- und Fangtrichter-Tanksystem an der Mittellinie betanken. Das gemischte Betankungssystem ermöglicht die Betankung aller Flugzeuge der USAF, der US NAVY und des US Marine Corps sowie der verbündeten Streitkräfte. Der Bediener des Auslegers steuert die Betankungsmission über ein digitales Fly-by-Wire-System. Er kann 160.200 kg (356.000 lb oder 160,2 Tonnen) Treibstoff, 75 Personen und etwa 76.560 kg Fracht befördern. Die Treibstofftransferrate beträgt 4.180 l/min über den Ausleger und 1.786 l/min bei Verwendung eines Schlauch- und Fangtrichter-Betankungssystems.

Die Königlich Niederländische Luftwaffe betrieb weniger fortschrittliche Tankflugzeuge mit der Bezeichnung KDC-10, die aus DC-10 umgebaut wurden.

Die KDC-10 der Königlich Niederländischen Luftwaffe.

Eine KDC-10 der Königlich Niederländischen Luftwaffe betankt eine F-16 Fightling Falcon und eine C-17 Globemaster der USAF (unten).

Eine ägyptische F-16 bereitet sich darauf vor, während des Betankungstrainings Kontakt mit einem KC-135 Stratotanker der USAF aufzunehmen. (Foto: US Air Force)

Betreiberländer

El Qūwāt El Gawīyä El Maṣrīya – (Ägyptische Luftwaffe)

Die ägyptischen Luftstreitkräfte verfügen über die Fähigkeit zur Luftbetankung mit Zvezda PAZ-MK-Luftkissen, die von ihren MiG-29M genutzt werden können, was bei der Militärübung Qader 2020 demonstriert wurde. Ausschlaggebend für diese Beschaffung war die Notwendigkeit, jede aggressive Intervention gegen Ägypten zu verhindern. Vor dieser Präsentation übten einige Flugzeuge der ägyptischen Luftwaffe, darunter die Mirage 2000EM und die F-16C/D, regelmäßig die Luftbetankung mit verbündeten Tankflugzeugen der US Air Force oder der französischen Luftwaffe.

Der Buddy Store PAZ-MK ermöglicht das Umfüllen von Treibstoff aus den internen und externen Tanks des Tankflugzeugs, was eine Verbesserung gegenüber früheren Pods darstellt, die nur über eine Schlauchtrommeleinheit mit integriertem Treibstofftank verfügen. Der PAZ-MK verfügt über einen 18,5 m langen Schlauch mit einem Innendurchmesser von 52 mm und kann bis zu 750 Liter Kraftstoff pro Minute umfüllen.

Drei F-16 Fighting Falcon der ägyptischen Luftwaffe fliegen während des Betankungstrainings neben einem KC-135 Stratotanker der USAF. (Foto US Air Force)

Al Qūwāt El Gawīyä El Masrīya (Ägyptische Luftwaffe)

104 Taktisches Jagdgeschwader 44 Geschwader *Luftwaffenstützpunkt Habata*		**MiG-29M2**

Luftbetankung durch eine Il-78 der algerischen Luftstreitkräfte. Empfängerflugzeug ist eine eine algerischen Sukhoi 30MKA. (Foto: wikipedia commons, Soulaho)

Al Quwwat aljawwiya aljaza'eriiya – (Algerische Luftwaffe)

Zwischen den Jahren 2000 und 2001 erhielten die algerischen Luftstreitkräfte sechs Iljuschin Il-78-Tankflugzeuge, die die algerischen Kampfflugzeuge vom Typ MiG-29 und später die SU-30 unterstützen sollten. Die Tankflugzeuge kamen zu den drei bereits vorhandenen IL-76MD-Transportern hinzu. Die Flugzeuge sind in Boufarik, 25 km südwestlich von Algerien, stationiert.

Da nur sehr wenige Informationen über die betriebliche Nutzung der Flugzeuge vorliegen, fand die Ausschreibung zur Modernisierung der Luftwaffe, bei der 2013 eine für die Royal Air Force bestimmte A330MRTT in Boufarik getestet wurde, weitaus mehr Beachtung.

Derselbe Stützpunkt wurde Schauplatz eines schweren Absturzes. Am 11. April 2018 stürzte eine Iljuschin Il-76 der algerischen Luftstreitkräfte (7T-WIV) in der Provinz Blida im Norden von Algerien kurz nach dem Start vom Luftwaffenstützpunkt Boufarik nahe der Hauptstadt Algier auf ein Feld ab, zerbrach und brannte aus. Alle 257 Insassen, darunter 247 Soldaten und Angehörige und 10 Besatzungsmitglieder starben dabei.

Die Sukhoi 30MKA sowie die MIG-29 sind die häufigsten Empfänger für die algerische Il-78.

Al Quwwat aljawwiya aljaza'eriiya

7e Escadre de Transport Tactique et de Ravitaillement en vol 357e Escadron de Ravitaillement en vol *Luftwaffenstützpunkt Boufarik*		**IL-78M**

Fuerza Aerea Argentina (Argentinien)

Die KC-130H wurden 2014 mit der digitalen Instrumentierung Rockwell Flight 2 und einem neuen Navigationssystem modernisiert und stellen nach wie vor die Tankerfähigkeit der Fuerza Aerea Argentina sicher.

Der Falklandkrieg im Jahr 1982 war der erste Kampfeinsatz und der wichtigste Einsatz der Tankflugzeug-Streitkräfte der Fuerza Aerea Argentina. Zwei KC-130H waren seit 1978 der 1st Escuadron auf dem Luftwaffenstützpunkt El Palomar zugeordnet. Argentinien dachte nur an die Verteidigung gegen eine mögliche Aggression Chiles und so wurde eine große Tankerflotte nie in Betracht gezogen.

Die Falklandinseln konnten jedoch nur mit Hilfe der Luftbetankung erreicht werden, und der argentinischen Mirage III fehlte eine Betankungssonde, ebenso wie der ähnlichen IAI Nesher. Die Mirage der argentinischen Luftstreitkräfte waren nicht in der Lage, die Inseln mit einer Angriffsnutzlast zu erreichen. Die Nesher konnte nur einen fünfminütigen Angriffsflug durchführen. Die Luftbetankung spielte jedoch eine entscheidende Rolle bei den erfolgreichen argentinischen Angriffen gegen die Royal Navy. Zwei KC-130H Hercules standen für den Einsatz zur Verfügung. Beide Maschinenwurden sowohl für die Betankung der A-4 Skyhawks und der Super Étendards bei ihren berühmten Angriffen mit Exocet-Raketen eingesetzt.

Bei mehreren Gelegenheiten patrouillierten die Hercules an den Grenzen der Insel und versuchten, den RAF Sea Harriers auszuweichen, um die A-4 und Étendards bei ihren Rückflügen zu suchen und zu begleiten. Es gibt eine bekannte Geschichte über eine KC-130, die eine beschädigte A-4 rettete und bei der Rückkehr zum Luftwaffenstützpunkt San Julian 39.000 lb Treibstoff lieferte. Ein Plan, zumindest eine der von der 1st Brigata Aerea eingesetzten B-707 umzurüsten, wurde aus finanziellen Gründen auf Eis gelegt, so dass Argentinien weiterhin auf seine beiden Hercules zurückgriff.

Der größte Erfolg der argentinischen Marine, der durch die Luftbetankung ermöglicht wurde, war die Versenkung des Zerstörers Sheffield der Royal Navy. Am Morgen des 4. Mai 1982 entdeckte ein argentinisches Seefernaufklärungsflugzeug vom Typ P-2H Neptune das britische Schiff auf seinem Radar. Um 9 Uhr morgens starteten zwei Super Étendards unter der Führung von Fregattenkapitän Augusto Bedacarratz und Leutnant Amando Mayora von ihrem Stützpunkt in Rio Grande und flogen auf den Kontakt zu. Nachdem sie von einem KC-130H-Tanker aufgetankt worden waren, begannen sie, knapp über dem Meeresspiegel zu fliegen, um der Radarerfassung zu entgehen. An einem Punkt tauchten sie auf, um Ziele auf ihrem Radar zu erfassen. Doch dann wurde ihnen mitgeteilt, dass sie vom britischen Zerstörer HMS Glasgow als Ziel erfasst worden waren. Sie tauchten schnell auf Meereshöhe ab, um einer Entdeckung zu entgehen, und tauchten dann ein zweites Mal in fünfhundert Fuß Höhe auf.

Diesmal hatten sie ein britisches Schiff in zwanzig bis dreißig Meilen Entfernung auf dem Radar. Die argentinischen Piloten lösten ihre Raketen aus und flogen im Tiefflug nach Hause. Sie waren überzeugt, dass der Angriff fehlgeschlagen war, weil sie die Zündung der Triebwerke an den Exocets nicht gesehen hatten. Die Rakete hatte einen verzögerten Zündzyklus, der seine Aufgabe erfolgreich erledigte.

Eine A-4 Skyhawk des Centro de Ensayos de Armamentos y Sistemas Operativos führt einen Betankungstest mit einer der KC-130H durch.

Fuerza Aerea Argentinien

Grupo Aereo 1 - 1 Escuadronl 357e Escadron de Ravitaillement en vol *Luftwaffenstützpunkt El Palomar*		**KC-130H**

Königlich Australische Luftwaffe

Australien befindet sich seit vielen Jahrzehnten in der wohl einzigartigen Lage, geografisch von Gebieten mit erheblichen strategischen Spannungen getrennt zu sein. Der australische Bedarf an Luftbetankung ergab sich aus der Notwendigkeit, den Luft- und Seeraum des nord- und nordwest-australischen Kontinents zu verteidigen, wobei der Bedarf gleichzeitig mit der Anschaffung von F/A-18 und der Verschlechterung der Beziehungen zu Indonesien entstand. Mitte der 80er-Jahre hatte sich der Bedarf verfestigt, und der RAAF wurde die Genehmigung erteilt, ein spezielles Programm zur Umrüstung von vier Boeing 707-Transportflugzeugen auf eine Doppelfunktion als Tank- und Transportflugzeug durchzuführen. Die beiden anderen der RAAF zugewiesenen Boeing 707 wurden weiterhin ausschließlich für den Langstreckentransport eingesetzt. Das Programm verlangte die Fähigkeit, die F/A-18 über Schlauch- und Schleppschlauch zu betanken, während die F-111, die nur über einen Ausleger betankt werden konnte, nicht als Empfänger in Frage kam. Die 33. Staffel in Richmond verfügte über sechs B-707-Transporter, von denen einige 1988 zur Umrüstung an Israel Aircraft Industries (IAI) vergeben wurden. Hawker de Havilland wurde als Unterauftragnehmer benannt. Der Verwendungszweck der Tankflugzeuge ergab sich aus der Überlegung, dass die RAAF bei drei jederzeit verfügbaren Tankflugzeugen, von denen eines als Reserve diente, in der Lage sein sollte, eine Angriffstruppe von 12 F/A-18A gegen ein Ziel in 800 Seemeilen Entfernung zu fliegen. Eine F/A-18A mit 4.000 lb Bombenlast und drei zusätzlichen 315 gal Tanks und vollem internen Treibstoff hat einen Kampfradius von etwa 550 Seemeilen. Die Umrüstung umfasste auch den Einbau von Scheinwerfern für Nachteinsätze und einer ferngesteuerten Fernsehkamera, die in einem schwingungsgedämpften Turm unter dem Rumpf untergebracht ist und über ein servogesteuertes Zoomobjektiv verfügt, mit dem der Flugingenieur die gesamte Unterseite des Flugzeugs einsehen und die Vorgänge für die Nachbesprechung nach dem Flug aufzeichnen kann. Im Januar 1998 wurden die Tankflugzeuge der Staffel Nr. 33 im Rahmen der Operation Southern Watch in Kuwait zum No. 84 Wing Detachment A abkommandiert. Am 5. März unternahm eine der K-707 den ersten Einsatz eines Tankflugzeugs seit der Neuformierung des Geschwaders im Jahr 1983, als sie sechs Panavia Tornados der Royal Air Force über Saudi-Arabien betankte. In der Folgezeit betankte die Staffel neben den Tornados auch US F/A-18 Hornets, Northrop Grumman EA-6 Prowler und McDonnell Douglas AV-8 Harriers sowie RAF British Aerospace Harriers. Von März bis September 2002 waren zwei K-707 auf dem Luftwaffenstützpunkt Manas in Kirgisistan stationiert und bildeten dort das No. 84 Wing Detachment, das als Teil des australischen Beitrags zum Krieg in Afghanistan die Luftbetankung der dort operierenden Koalitionsflugzeuge übernahm. Die 707 wurden 2008 ausgemustert und beendeten damit die 29-jährige Einsatzgeschichte des Typs bei der RAAF. Drei K-707 blieben bis 2011 in Richmond, wo sie von Omega Air Services erworben wurden. Nach der Ausmusterung der Boeing 707 wurde die 33. Staffel nach Amberley, Queensland, verlegt. Die Auswahl eines künftigen Tankflugzeugs begann lange vor der Bewertung von KDC-10, KC-10, A310 MRTT, KC-767, KC-747 und A330 MRTT. Australien entschied sich im April 2004 nach einem Wettbewerb mit dem letzten Bewerber KC-767 für den Airbus A330 MRTT, da er über eine größere Treibstoff- und Frachtkapazität verfügt. Die australischen A330 MRTT, die als KC-30A Multi-Role Tanker Transport bezeichnet werden, werden wieder von der Staffel Nr. 33 betrieben, die jetzt auf der RAAF Base Amberley stationiert ist. Sieben KC-30 wurden beschafft, wobei das siebte und letzte Flugzeug neben der Luftbetankung auch VIP-Passagiere transportieren kann. Australien war der erste A330 200 MRTT-Kunde im asiatisch-pazifischen Raum. Die Auslieferungen begannen 2011 und die erste Betriebsfähigkeit wurde im Februar 2013 erreicht. Die KC-30 kann anderthalb Mal so viel Treibstoff transportieren wie die 707. Seit 2014 unterstützten die KC-30A der Royal Australian Air Force die Operation ORKA, die Mission der RAAF zur Unterstützung der US-geführten Bemühungen gegen den Islamischen Staat im Irak und in Syrien.

Königlich Australische Luftwaffe

Einheit	Wappen	Muster
33 Schwadron *Luftwaffenstützpunkt Amberley*		**KC-30A**

Während einer NATO-Übung betankt eine RAAF K-707 eine U.S. NAVY F-18 von VF-131.

Die KC-30 für die Royal Australian Air Force ist sowohl mit einem Luftbetankungsausleger als auch mit zwei Cobham 905E Unterflügeltanks ausgestattet. Sie kann bis zu 100 Tonnen Treibstoff aufnehmen und ist für die Betankung von F/A-18-Kampfflugzeugen und C-17-Transportern sowie für die Betankung anderer KC-30 vorgesehen. Sie ist auch in der Lage, künftige australische Anschaffungen wie das Tarnkappen-Kampfflugzeug F-35A Lightning II, das elektronische Kampfflugzeug EA-18G Growler und das Seefernaufklärungsflugzeug P-8A Poseidon zu versorgen. In ihrer Transportkonfiguration kann die KC-30 270 Passagiere oder 40 Tonnen Fracht befördern.

Israel Aerospace Industries, Hawker und De Havilland rüsteten zwischen Dezember 1988 und Mai 1992 vier der sechs einsatzfähigen B-707 der Staffel Nr. 33 zu Tankflugzeugen für die Luftbetankung um. Mit ihrer Sondenkonfiguration konnten sie die F/A-18 Hornets der RAAF und die Douglas A-4K Skyhawks der Royal New Zealand Air Force betanken, nicht aber die F-111-Bomber der RAAF von General Dynamics, die ein Auslegersystem benötigten.

Forca Aerea Brasileira

Forca Aerea Brasileira setzte seit den 80er-Jahren Lockheed KC-130E Hercules als Tankflugzeuge ein. Sie waren der Grupo 1st zugeteilt. Mit ihnen wurden REVO-Einsätze (Rebasticimento En VOlo) durchgeführt, die aufgrund der relativen Geschwindigkeitsunterschiede zwischen dem Flugzeug und den FAB-Kampfflugzeugen schwierig waren. Zwischen 1986 und 1987 erwarb FAB vier Boeing 707 von der brasilianischen Fluggesellschaft VARIG. Die Flugzeuge wurden nach Wichita, Kansas, geschickt, um zu REVO-Tankflugzeugen mit sekundärer Frachtkapazität umgebaut zu werden. Sie werden im brasilianischen Betrieb als KC-137 bezeichnet. Die KC-137 wurden der 2nd Grupo de Transporte zugeteilt, die das Personal der 1st Grupo de Transporte übernahm, das bereits Erfahrung mit der Luftbetankung auf der brasilianischen Hercules KC-130H gesammelt hatte. Die 1st Grupo de Transporte führte bis in die 1990er-Jahre Luftbetankungseinsätze mit der neuen KC-130H durch, als diese Flugzeuge an die Fat Squadron übergeben wurden und die Betankungsrolle der KC-137 überlassen wurde. Nachdem in der zweiten Jahreshälfte 2013 die 1st Grupo diese Flugzeuge zurückerhielt wurden die Luftbetankungseinsätze wieder aufgenommen. Die KC-137 wurden intensiv für interne Einsätze genutzt und nahmen an NATO-Übungen, wie Red Flag 2008, bis in die USA teil, bevor sie 2013 außer Dienst gestellt wurden. Brasilien suchte seit 2008 im Rahmen des KC-X2-Programms nach einem Ersatztankflugzeug. Boeing, Airbus Military und IAI wurden zur Abgabe von Angeboten aufgefordert. Die IAI Bedek Division wurde zum Sieger erklärt und erhielt den Auftrag für die Umrüstung von zwei B-767 in KC-767-Tankflugzeuge. Das Programm kam jedoch 2013 aufgrund der Wahlen des neuen Präsidenten ins Stocken und wurde nicht wieder aufgenommen, so dass die einzigen Tankflugzeuge der FAB derzeit

Alle brasilianischen Flugzeuge sind für die Betankung mit Sonden und Düsen ausgerüstet. Die KC-137 wurde mit zwei Pods an den Flügelspitzen ausgestattet. Hauptempfänger in der Forca Aerea Brasileira sind die F-5Es der 1⊠ GAVCA, die A-1s (AMX) der 1st und der 16. GAV und die F-2000 der 1st GDA.

Eine der brasilianischen KC-137 wurde als VIP-Flugzeug konfiguriert. FAB 2401 verfügt über eine Präsidentensuite und war von 1986 bis 2000 das Haupttransportmittel für den brasilianischen Präsidenten. Die anderen drei KC-137 wurden seit ihrer Indienststellung in einer grauen Gesamtlackierung ausgeführt.

Forca Aerea Brasileira

Einheit	Abzeichen	Flugzeuge
1 Tropentransporteinheit – Ala 11 *Luftwaffenstützpunkt Galeao*		**KC-130H** **KC-130M**
2 Tropentransporteinheit – Ala 11 *Luftwaffenstützpunkt Galeao*		**KC-390** **(bestellt)**

die KC-130H sind. Große Erwartungen richten sich auf den neuen brasilianischen Embraer KC-390-Transporter/Tanker, von dem 28 Einheiten bestellt sind. Das Flugzeug erhielt im Dezember 2017 die erste Betriebsfähigkeit (IOC). Das große Tankflugzeug-Modernisierungsprogramm wurde mit dem Erwerb von zwei A330 realisiert, die zuvor von Azul Linhas Aéreas betrieben wurden und nun der zweiten Staffel der zweiten Transportgruppe (2º/2º GT) – Corsário Squadron – mit Sitz in Rio de Janeiro zugeordnet sind. Die Flugzeuge wurden von Airbus auf die MRTT-Version umgerüstet, die Luftbetankungsmissionen, logistischen Lufttransport (Fracht und Passagiere) und humanitäre Hilfe ermöglichen.

Aeritalia / Embraer AMX im Anflug auf eine Fuerza Aerea Brasileira KC-130H.

Mehrere Mirage 2000 beim Betanken von FAB Hercules.

Die Embraer KC-390 kann 23 Tonnen Fracht, ihre maximale Kapazität, oder 23,2 Tonnen Treibstoff transportieren. Das Flugzeug kann auch als Empfänger bei der Luftbetankung fungieren.

Eine brasilianische Mirage wird betankt.

Fuerza Aerea de Chile

Die Verteidigung eines extrem langen Landes wie Chile erfordert Streitkräfte, die auf viele Standorte verteilt sind, oder eine konzentrierte Truppe mit einem hohen Maß an Mobilität. Die Notwendigkeit, die riesige Weite des Pazifischen Ozeans zu schützen, führt auch zur Anforderung einer Truppe, die durch Luftbetankungsmöglichkeiten vervielfacht wird. Chile benötigte Luftbetankung für eine Reihe von Flugzeugtypen, die alle mit Sonden ausgestattet waren: Das Cessna A-37-Kampfflugzeug, das Northrop F-5 Tiger 2-Kampfflugzeug und das Mirage III-Kampfflugzeug, das zum Pantera-Status aufgerüstet wurde. So wurde beschlossen, die FAC903, ein ehemaliges LAN Chile-Flugzeug, in ein KC-707 Aguila (Eagle)-Tankflugzeug umzubauen. ENAER installierte mit israelischer Unterstützung zwei Sargent Fletcher-Flügelspitzen sowie alle Tank- und Rohrleitungsarbeiten. Im Jahr 2006 wurden im Rahmen des Programms Peace Puma einige Block-50 F-16-Kampfflugzeuge erworben, die später durch ehemalige niederländische F-16 ergänzt wurden. Diese konnten nicht mit der Sargent-Fletcher-Sonde und dem Fangtrichter betankt werden, so dass die FACh nach einem auslegerfähigen Tankflugzeug suchte. Zunächst wurden die KC-135 aus Kostengründen verworfen, und so wurde der Vorschlag von EADS-CASA für den A310 MRTT angenommen, der für mehrere europäische Länder entwickelt wurde. Die FACh schloss eine Vereinbarung mit EADS-CASA, wonach das europäische Unternehmen zwei A310 liefern würde, die modifiziert und mit einem Standard-MRTT ausgestattet würden, der an die chilenischen technischen Anforderungen angepasst war. Die Probleme begannen, als der Kauf der beiden von EADS-CASA ausgewählten A310, die sich im Besitz der staatlichen rumänischen Fluggesellschaft TAROM befanden, durch den Beitritt dieses Landes zur Europäischen Union erschwert wurde. Die EU-Vorschriften für den Transfer von Steuergütern erfordern einen Verkauf im Rahmen einer öffentlichen Ausschreibung, was eine lange Wartezeit mit sich brachte. Die FACh beschloss, nicht länger zu warten und kündigte die Vereinbarung. So kam es zu der Bestellung von vier ehemaligen USAF KC-135E. Die Flugzeuge sind der Grupo 10 auf dem Luftwaffenstützpunkt Santiago-Pudahel zugewiesen, der sich auf dem internationalen Flughafen Comodoro Arturo Merino Benítez befindet.

Die KC-707 903 rollt auf dem Stützpunkt Santiago Arturo Merinos zum Start. Sie war das erste umgerüstete Luftfahrzeug der Fuerza Aerea de Chile. Es konnte eine Mirage III in fünf Minuten und eine A-37 in drei Minuten auftanken (Programm Peace Puma).

Fuerza Aerea de Chile

Einheit		Typ
Luftverkehrsgruppe Nº 10 *Santiago – Luftwaffenstützpunkt Arturo Merino*		**KC-135E**

Die Integration der F-16 in die Fuerza Aerea de Chile führte zur Beschaffung von vier KC-135E. Die chilenischen KC-135 sind die letzten verbliebenen KC-135 mit TF-33-Turbofächern.

Luftwaffe der Volksbefreiungsarmee – Marineluftwaffe (China)

Die PLAAF begann Anfang der 80er-Jahre mit Überlegungen zur Luftbetankung. Nach den Zusammenstößen zwischen den chinesischen und vietnamesischen Seestreitkräften im Jahr 1988 wurde das Programm zur Hauptaufgabe. Zunächst wurden sowohl der Kauf ausländischer Tankflugzeuge als auch eigene Entwicklungen in Betracht gezogen.

1983 schlugen das chinesische Luftfahrtministerium und die PLAAF vor, die AVIC Y-10, eine in China nachgebaute Kopie des B-707-Jets, mit zwei Cobham-Mk32-Tankbehältern zu einem Luftbetankungsflugzeug umzubauen. Nach der Einstellung des Y-10-Programms im Jahr 1985 versuchte das Luftfahrtministerium, einige B-707 direkt aus den USA als Plattform für seine Tankerumrüstungen zu erwerben. 30 Mk32-Betankungseinheiten wurden bestellt, aber das Projekt wurde nach 1989 aufgrund des von den USA verhängten Waffenembargos eingestellt.

Um auf inländische Entwicklungen umzusteigen, wurde zunächst die Umrüstung der Y-8, einer chinesischen Kopie der AN-12, in Betracht gezogen, die jedoch nicht mit dem ausgewählten J-8II-Jagdflugzeug kompatibel war. 1988 beschloss die PLAAF daher, die Xi'an H-6, eine chinesische Kopie des Mittelstreckenbombers Tu-16 Badger, zu einem Tankflugzeug umzurüsten.

Weiterhin entschloss man sich im gleichen Zuge, das Shenyang J-8II Finback-Jagdflugzeug zu einem Tankflugzeug umzurüsten. Die Umrüstung eines vorhandenen H-6-Bombers zum Tankflugzeug begann im März 1990, und die H-6- und J-8II-Flugzeuge schlossen die Modifikationen bis 1991 ab, wobei die erste erfolgreiche Luftbetankung am 20. Oktober 1991 stattfand.

Das Flugzeug ist mit zwei in China entwickelten RDC-1-Tankbehältern ausgestattet, die unter den Flügeln angebracht sind, und kann zwei J-8Ds gleichzeitig betanken, wobei maximal sechs J-8Ds in einer einzigen Mission betankt werden können. Für die Nachtbetankung sind zusätzliche Signal- und Beleuchtungslichter unter der Gondel sowie am Rumpf angebracht. Der Bediener befindet sich Heckschützenraum. Das Flugzeug verfügt über eine massive Nase, in der ein Wetterradar untergebracht ist.

Sowohl die Luftwaffe als auch die Marineluftwaffe betreiben das Tankflugzeug H-6. Die Version HY-6 (Hong You-6) der Luftwaffe war ein Neubau mit festem Bug, während die Version HY-6D der Marine aus den vorhandenen Bomberzellen der H-6D umgebaut wurde, die den gläsernen Bug und das große Radom unter dem Kinn für das Feuerleitradar beibehielten. Der Bedienerplatz befindet sich im ursprünglichen Heckschützenturm der H-6. Zwei große Treibstofftanks nahmen den ursprünglichen internen Bombenschacht ein, so dass insgesamt 18,5 Tonnen auf die Empfänger übertragen werden können. Die verschiedenen Tankflugzeuge werden in einer gemeinsamen Basis/Einheit von Marine und Luftwaffe betrieben. Die Flugzeuge werden der Marine-Luftwaffe zugewiesen und je nach Bedarf mit der Luftwaffe geteilt. Durch die-

Luftwaffe der Volksbefreiungsarmee (Marineluftwaffe)

Chinesische Luftwaffe 13. Transportdivision 38. Fliegerregiment *Luftwaffenstützpunkt Wuhan / Paozhuwhan*		**IL-78TD**
Chinesische Marineluftwaffe 6. Transportdivision 17. Luftregiment *Luftwaffenstützpunkt Changzhou/Benniu*		**H-6DU**
Chinesische Marineluftwaffe 8. Transportdivision 23. Fliegerregiment *Luftwaffenstützpunkt Guiping / Mengshu*		**H-6DU**

Der Harbin H-6-Bomber, der seinerseits auf dem sowjetischen TU-16 Badger basiert, ist die Grundlage für das aktuelle chinesische Tankflugzeug H-6DU.

J-10-Kampfflugzeug von der Bedienerposition im Heckturm der H-6DU aus gesehen. Sowohl die Luftwaffe als auch die Marineluftwaffe betreiben das H-6-Tankflugzeug von denselben Stützpunkten aus. Es wird geschätzt, dass derzeit insgesamt etwa 20 Exemplare im Einsatz sind.

Das strategische Transportflugzeug Y-20 wird die künftige Tankerplattform der PLAAF sein. Der Erstflug fand am 26. Januar 2013 statt. Die Tankerversion verfügt über ein fliegendes Auslegersystem für die Betankung des J-20-Kampfjets der 5.

se Synergie wird sichergestellt, dass beide Dienste über Tankflugzeuge für Einsätze verfügen und sich die Kosten teilen. Derzeit unterstützt das Tankflugzeug H-6 die PLAAF-Kampfflugzeuge J-8H/F, JC-8F, J-10/10S und J-10B/C. Sein Betankungssystem ist jedoch nicht mit den aus Russland importierten Su-30MKK, den einheimischen J-15 und J-16 sowie den künftigen J-20 kompatibel. Daher fliegt die Su-30MKK-Flotte der PLAAF seit ihrer Indienststellung im Jahr 2000 ohne Luftbetankungsmöglichkeit. Dies ließ der PLAAF keine andere Wahl, als sich anderweitig zu versorgen. Im Jahr 2005 wurde ein Vertrag über 30 IL-78 unterzeichnet, von denen jedoch aufgrund gestiegener Produktionskosten und eines Streits zwischen dem Flugzeughersteller in Usbekistan und dem russischen Waffenhandelsunternehmen keine geliefert wurde. Im Jahr 2011 wurde ein Vertrag mit der Ukraine über drei überholte Il-78 unterzeichnet, die vom Nikolaev Aircraft Repair Plant überholt und bis 2014 ausgeliefert werden sollten. Es wird erwartet, dass weitere IL-78 angeschafft werden, während gleichzeitig auf die nächste einheimische Tankflugzeug-Entwicklung, das neue Transportflugzeug Y-20A, gewartet wird, das die veraltete H-6U ersetzen wird.

J-10-Kampfflugzeuge der PLAAF werden von einer H-6DU aufgetankt. Zwei Flugzeuge können gleichzeitig bedient werden. Das maximale Startgewicht der H-6U beträgt 75,8 Tonnen, mit einer Treibstoffladung von 37 Tonnen, ein höherer Wert als bei der KC-130F (30 Tonnen), aber niedriger als bei der russischen Tu-16N (42,1 Tonnen). Die H-6U ist mit einem neuen taktischen Navigationssystem ausgestattet, einem Zweiwege-Abtastungsmessgerät. Es ist in der Lage, den Azimut und die Entfernung zwischen Tankflugzeug und Empfängerflugzeug innerhalb eines Bereichs von 200 km automatisch und genau zu berechnen.

Deutsche Luftwaffe (Deutschland)

Die deutschen Luftstreitkräfte erkannten den Bedarf an Luftbetankung bei der Teilnahme an NATO-Operationen mit ihrem Panavia Tornado und später dem Eurofighter Typhoon. In den ersten Jahren des 21. Jahrhunderts war die Luftwaffe auf die Tankerkapazitäten anderer NATO-Streitkräfte wie der Vereinigten Staaten, Frankreichs, des Vereinigten Königreichs oder der Niederlande angewiesen, was zu einer eher begrenzten Einsatzfähigkeit führte. Um diese Situation zu überwinden, beschloss die Luftwaffe, die Fähigkeiten ihrer vier Airbus A310-Transportflugzeuge mit einem im Jahr 2002 beginnenden Umrüstungsprogramm zu erweitern. Es wurde ein Konsortium mit Airbus Deutschland und Lufthansa Technik gebildet, das die bereits vorhandenen Fähigkeiten des Airbus A310 MRT in A310 MRTT (Multi-Role Tanker Transport) umwandelte. Die erste Luftbetankung wurde im Juli 2004 mit einem speziell mit Messgeräten ausgestatteten Tornado der WTD 61 (Wehrtechnische Dienststelle für Luftfahrzeuge der Bundeswehr) und einer F-18 HORNET der Schweizer Luftwaffe durchgeführt. Insgesamt wurden 56 Flüge über der Nordsee absolviert. Das Flugzeug erhielt eine zivile Zulassung durch das Luftfahrt-Bundesamt (LBA), wobei zahlreiche Flugtests zwischen Airbus und Flugversuchsingenieuren der WTD 61 durchgeführt wurden. Die zivile Zulassung durch das LBA erfolgte 2004. Später folgte die militärische Abnahme durch die Musterprüfstelle der WTD 61 Manching. Diese wurde mit der gleichzeitigen Luftbetankung von zwei TORNADOS WTD 61 erreicht. Schließlich erhielt die Luftwaffe im September 2004 den ersten MRTT. Das Programm wurde bis 2010 abgeschlossen. Alle vier Flugzeuge werden heute von der Spezialfliegerstaffel auf dem militärischen Teil des Kölner Flughafens betrieben und stehen unter dem operativen Kommando (OPCON) des Europäischen Lufttransportkommandos (EATC). Dies ist jedoch ein Szenario, das sich noch in der Entwicklung befindet. Wenn die A330 MRTT bei der Luftwaffe einsatzbereit sein werden, wird die Spezialfliegerstaffel die Kontrolle über die Betankungsaktivitäten verlieren, die dann vollständig unter der Kontrolle des EATC stehen werden. Die Luftwaffe verfügt derzeit über 30 bis 40 Piloten, die für den Einsatz des A310 MRTT qualifiziert sind. In der Tankerkonfiguration ist der MRTT mit bis zu fünf Zusatztanks im unteren Frachtraum ausgestattet, die jeweils etwa 32 Tonnen (rund 39.500 Liter) Kraftstoff fassen. Zusammen mit den Flügelkraftstofftanks verfügt der MRTT über eine Gesamtkraftstoffkapazität von 74 Tonnen. Der Treibstoffdurchsatz beim Betanken beträgt 1.600 Liter pro Minute. Damit kann das Flugzeug insgesamt 45 Tonnen Treibstoff abgeben. Eine Installation mit fliegendem Ausleger wurde ausgiebig getestet, aber später aufgegeben, so dass der A310 MRTT zwei Schlauch- und Schleppsysteme von Cobham einsetzt, die während des Fluges einen Betankungsschlauch mit einer maximalen Länge von 23 m entfalten.

In der Tankerkonfiguration hat der A310 MRTT eine dreiköpfige Besatzung, bestehend aus zwei Piloten und einem Aviation Operation Officer (AOO). Der AOO steuert die gesamte Betankung an der Fuel Operation Stati-

Deutsche Luftwaffe

Flugbereitschaft des Bundesministeriums der Verteidigung (FlBschft BMVg) *Flughafen Köln / Bonn*		**A310 MRTT**
Lufttransportgeschwader 62 (LTG62) *Fliegerhorst Wunstdorf*		**A400M**
Franco-Deutsches Geschwader *Luftwaffenstützpunkt Evreux*		**KC-130J**

Herzstück der am A310 durchgeführten Modifikationen ist die Tankstation, die direkt hinter dem Cockpit installiert ist. Die Konsole steuert Treibstoffentladung, Kameras, Militärradios und Außenbeleuchtung. Für die MRTT musste eine Fernüberwachung des Anflug-/Betankungsvorgangs mit einem nachtsichtfähigen Videosystem entwickelt werden, das den Betrieb sowohl mit sichtbarem Licht als auch mit Nahinfrarotszenerien ermöglicht.

on (FOS), die in allen A310 MRTT hinter dem Cockpit fest installiert ist. Die visuelle Kontrolle erfolgt über Kameras, die im Rumpf und im Heck des Flugzeugs angebracht sind.

Ein Nachteil, der zur Abschaffung des A310 in der deutschen Luftwaffe führte, war die Unfähigkeit, den A400M zu betanken, da die Tragfläche des neuen Transporters für einen sicheren Betrieb zu nahe am Tanker lag. Daher kann der neue A400M nur von einem A330 MRTT oder einem anderen A400M betankt werden.

Einige der 53 bestellten A400M verfügen über Betankungskapazitäten, und darüber hinaus beteiligt sich Deutschland zusammen mit den Niederlanden, Polen und Norwegen an dem gemeinsamen europäischen Tankflugzeugprojekt mit dem Airbus A330 MRTT.

Der A310MRTT wurde mit der Ankunft des A330 MRTT im Juni 2022 ausgemustert. Dieser bleibt in Köln stationiert. Eine weitere Entwicklung der deutschen Luftwaffe ist die Schaffung eines gemeinsamen Geschwaders in Evreux, Frankreich, in Zusammenarbeit mit der französischen Armee de l'Air.

Viele Jahre lang war der A310 MRTT der erste Militärtransporter von Airbus und das Arbeitspferd der deutschen Luftwaffe. Er wurde als Transport-, Tank- und Sanitätsflugzeug eingesetzt.

Die Pilotenkonsole ist im Vergleich zum zivilen Airbus A310 ziemlich Standard. Um ihrer Rolle als Tanker noch besser gerecht zu werden, erhielt die Flotte eine neue Avionik-Ausrüstung. Die Erprobung dieses Paketes erfolgte Ende 2006 in Zusammenarbeit mit der WTD 61.

Der A310 MMTT-Rumpf bietet vielseitige Verwendungsmöglichkeiten. Er bietet Platz für vier separate Frachträume mit einer Kapazität von bis zu 37 Tonnen bei voller Ladung.

In der flugmedizinischen Version wird der MRTT als fliegendes Krankenhaus eingesetzt. Somit kann der Transport von Verwundeten, Verletzten und Verstorbenen sowie die entsprechende medizinische und intensivmedizinische Versorgung an Bord jederzeit und überall gewährleistet werden.

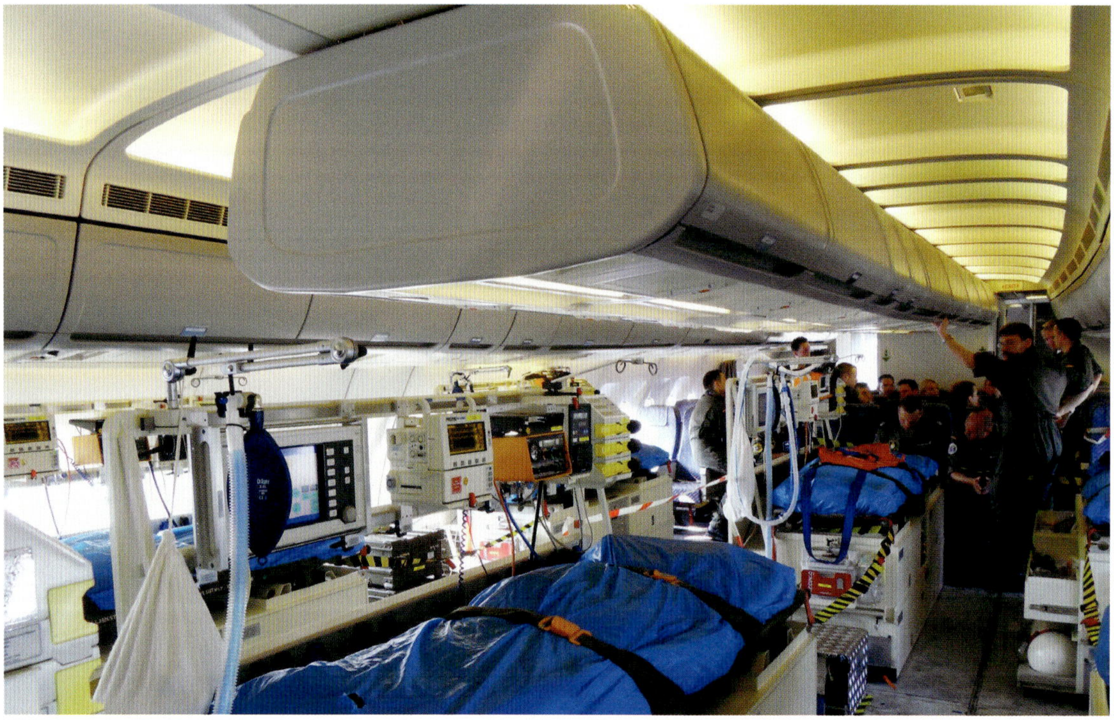

Einige der in Wunstdorf stationierten deutschen A400M sind mit dem Bausatz ausgestattet, der den Atlas-Transporter in ein Tankflugzeug verwandelt.

Die erste KC-130J, die für das gemeinsame deutsch-französische Geschwader in Evreux bestimmt ist, wurde im Jahr 2022 ausgeliefert.

Armée de l'Air (Frankreich)

Im Jahre 1962 beschloss General de Gaulle, Frankreich mit einer unabhängigen Eingreiftruppe auszustatten, die sich aus der Triade von Bombern, U-Booten und Raketen zusammensetzten sollte. Als interkontinentaler Bomber wurde die Mirage IV ausgewählt, die sich jedoch bald als unzureichend erwies: Sie konnte zwar Atomwaffen tragen, aber nur über eine kurze Distanz. Der strategische Nutzen war begrenzt. So entstand der Bedarf an Tankflugzeugen, die einen Angriff auf sowjetische Ziele ermöglichen sollten.

Bereits 1959 begann die Armee de l'Air mit Studien zur Nutzung der SNCASO Vautour als Tankflugzeug unter Verwendung einer Douglas-Gondel, und es wurde ein Vertrag über 35 Umrüstungen unterzeichnet. Sud Aviation schlug zur gleichen Zeit eine Umwandlung des Verkehrsflugzeugs Caravelle in ein Tankflugzeug vor, aber dieses Programm verließ nie das Reißbrett. Das Militär wollte jedoch eine leistungsfähigere Maschine und nach langen Verhandlungen mit den Vereinigten Staaten, die ihr neuestes Tankflugzeug nicht einem anderen Land überlassen wollten, führte die Anfrage zum Kauf von 12 Boeing-Tankflugzeugen des Modells 717-165, besser bekannt als C-135F. Bevor sie das Boeing-Angebot annahmen, baten die Franzosen jedoch um einen Versuch und die Ausleihe eines USAF-Tankflugzeugs, das mit Schlauch und Trichter ausgestattet war, um Tests mit einer Mirage IV und einer Vautour durchzuführen. Die USAF lehnte dies zunächst ab, doch nach vielen Verhandlungen einigte man sich auf vier Testflüge (zwei für die Vautour und zwei für die Mirage IV). Die Operation wurde »BB« für »Biberon Boeing« genannt. Nach Abschluss des Vertrages war es notwendig, die Besatzungen zu schulen, um sie einsetzen zu können. Zu dieser Zeit stützte sich die Armee de l'Air hauptsächlich auf Noratlas als Transportflugzeuge.

Die Boeing KC-135 war in einem anderen Maßstab. So wurden Anfang März 1963 neun französische Besatzungen in die Vereinigten Staaten nach Castle AFB entsandt, um eine vollständige Ausbildung an der KC-135 zu erhalten, einschließlich der Flug- und Betankungsverfahren. Die Besatzungen erhalten die gleiche Ausbildung

Die Betankung des atomwaffenfähigen Bombers Mirage IV war der Grund für den Beginn der Luftbetankungsoperationen in der so genannten Force de Frappe (Strike Force) im Jahr 1963.
Die 12 C-135F wurden in einer Metallausführung geliefert, die der KC-135 der USAF ähnelte. Sie wiesen jedoch einige Unterschiede auf, von denen der Metallboden, der den Frchtbetrieb ermöglichte, am bemerkenswertesten war.

wie alle anderen Besatzungsmitglieder des Strategischen Luftkommandos der USA, mit Ausnahme der Ausbildung an den Kriegsplänen, die den Franzosen natürlich vorenthalten wurden.

Die C-135F hatte andere Spezifikationen als die KC-135A, wie z. B. einen verstärkten Metallboden, im Gegensatz zum Holzboden der KC-135A der USAF. Die französischen Flugzeuge waren nicht mit einer APU ausgestattet, wie die KC-135 der USAF. Erst mit der Umrüstung auf die KC-135R viele Jahre später erhielt die C-135F eine APU, die es ermöglichte, auf eine Gruppe von Patronenstartern zu verzichten, die während des Alarms an den J-57-Triebwerken verwendet wurden.

Für den Betrieb dieser Tankflugzeuge wurde eine eigenständige Einheit geschaffen: Am 1. August 1963 wurde die 90. Escadre de Ravitaillement auf der Basis von Istres gegründet, deren Aufgabe speziell die Implementierung der Tankflugzeuge zugunsten der Forces Aériennes Stratégiques war. Istres ist immer noch die Basis der Tankflugzeuggruppe, die jetzt Groupe de Ravitaillement 02.091Bretagne heißt. Zunächst wurden die Tankflugzeuge wie die amerikanischen Tankflugzeuge in poliertem Aluminium belassen, ebenso wie die Mirage IV ohne sichtbare Kennzeichnung außer den französischen Kokarden, um die Erkennung für mögliche sowjetische Spione in der Nähe französischer Flughäfen zu erschweren. Nach einer Übungsphase wurde die 90. Staffel am 1. Oktober 1964 zum ersten Mal mit der Mirage IV alarmiert. Um die Atomsprengköpfe so weit wie möglich zu verteilen, wurde die 90. Staffel 1965 aufgelöst und die Sprengköpfe auf drei Staffeln mit je vier Flugzeugen verteilt: ERV 4/91 »LANDES«, 4/93 »AUNIS« und 4/94 »SOLOGNE«. Während der Zeit des Kalten Krieges war die Alarmbereitschaft ständig gegeben, 24 Stunden am Tag, und die Geräte waren sehr gefragt.

1965 hatte die C-135F bereits 158 Mirage-IV-Betankungsübungen und 165 Vautour-Betankungsübungen absolviert. Die C-135 erlitt nur einen einzigen Verlust, 1972, 473 »CD« beim Start von der Hao-Basis in Polynesien, aufgrund von schweren Triebwerksproblemen. Zwischen 1984 und 1989 wurden alle C-135F zu C-135FR umgerüstet, ähnlich wie die amerikanische KC-135R. Die Einführung des CFM-56 ermöglichte einen Leistungszuwachs von 60 %, so dass das Flugzeug

Armée de l'Air (Frankreich)

GRV 02/91 Bretagne Escadrille 108 *Flugplatz Istres Le Tubé*			**C-135FR KC-135FR KC-135FRG**
GRV 02/91 Bretagne Escadrille VB25 *Flugplatz Istres Le Tubé*			**C-135FR KC-135FR KC-135FRG**
GRV 02/91 Bretagne Escadrille 1BR 129 *Flugplatz Istres Le Tubé*			**C-135FR KC-135FR KC-135FRG**
GRV 02/91 Bretagne Escadrille SAL22 *Flugplatz Istres Le Tubé*			**C-135FR KC-135FR KC-135FRG A330 MRTT**
Franco-Deutsches Geschwader *Luftwaffenstützpunkt Evreux*			**KC-130J**

Die Umrüstung von C-135F auf KC-135R mit CFM-56-Triebwerken begann in Zusammenarbeit mit dem französisch-amerikanischen CFM-Triebwerkskonsortium, das hier sein 15-jähriges Bestehen feiert. Die 93-CK ist eine der KC-135R, die zwei Sargent Fletcher-Unterflügelkapseln erhalten haben, um die Betankungsfähigkeit zu erhöhen, die bei Einsätzen mit taktischen Flugzeugen unzureichend wurde.

Die Beteiligung der französischen Tankflugzeugstreitkräfte an Offshore-Einsätzen hat die KC-135FR im Laufe der Jahre auf Trab gehalten. Die 93-CE überfliegt das afghanische Hoheitsgebiet.

mit maximaler Masse auf fast allen französischen Militärflugplätzen eingesetzt werden konnte, und das bei großen Treibstoffeinsparungen. Aufgrund der starken Nutzung und der Unterstützung anderer NATO-Länder begann die Flotte der C-135F zu verfallen, und 1992 mietete die Armee de l'Air drei KC-135R von der USAF, um die Flotte von 11 bestehenden Tankflugzeugen zu verstärken. Angesichts des Erfolgs dieser Operation wurden 1994 zwei KC-135R von der USAF Force gekauft.

1993 wurde die KC-135R »736« für ein neues Umbauprojekt nach Wichita geflogen: Es wurde beschlossen, die Luftbetankungskapazität zu verdreifachen, indem zwei Betankungskapseln unter den Flügeln angebracht wurden, die drei gleichzeitige Betankungen ermöglichen.

Gleichzeitig wurden die Betankungspumpen durch ein leistungsfähigeres Modell ersetzt, mit dem Kraftstoffmengen von bis zu 2 Tonnen pro Minute übertragen werden konnten.

Im Jahre 2009 kündigte die französische Luftfahrtbehörde DGA an, die Avionik der elf C-135FR-Tankflugzeuge der Armée de l'Air auf den Standard C-135FR RENO2 zu modernisieren, damit sie den ICAO-Vorschriften für den Betrieb im zivilen Luftraum entsprachen. Die Flugzeuge erhielten die neue Bezeichnung KC-13RG. Die Wartung wird in Istres von der ESTS 15/92 (Escadron de Soutien Technique Spécialisé) durchgeführt, einer Einheit, die aus etwa 350 Personen besteht, die sich mit den verschiedenen technischen Spezialgebieten der Avionik, Elektronik, Mechanik, Struktur und was sonst noch benötigt wird, beschäftigen.

Das ESTS-Personal führt alle Wartungsarbeiten in einem Hangar durch, der zwei C-135 gleichzeitig aufnehmen kann. Außerdem gibt es einen weiteren, kürzlich errichteten Hangar, der das Flugzeug nicht vollständig aufnehmen kann, da der hintere Teil des Leitwerks ausgespart wird. Die Instandhaltung in Istres erfolgt für alle Flugzeuge auf Stufe 1, für bestimmte Teile auf Stufe 1 »plus«, während die Flugzeuge für Stufe 3 nach Nimes-Garons zum Handelsunternehmen Sabena Technics FNI geschickt werden, während die Arbeiten für einige Zwischenprüfungen der technischen Abteilung der nationalen Fluggesellschaft Air France anvertraut werden.

GRV 2/91 versorgt alle taktischen Flugzeuge der Armée de l'Air und der Marine Nationale, das heißt Mirages 2000C/D/5F/N, Rafales B/C/F3/M, sowohl während ihrer normalen Aktivitäten auf nationaler Ebene als auch bei Aktivitäten im Ausland, darunter natürlich auch Aktivitäten auf den nationalen Kolonien in Übersee, insbesondere in Französisch-Guayana durch das »Centre Spatial Guyanas« in Kouros, der Startbasis der Europäischen Weltraumorganisation. Auf nationaler Ebene werden die Tankflugzeuge von Istres auch zur Unterstützung des in Avord stationierten E-3F AWACS (Airborne Warning and Control System) und der in Evreux stationierten C-160 Transall eingesetzt.

Es bestehen internationale Vereinbarungen zur Unterstützung der NATO-Luftstreitkräfte. Heute sind die C-135, obwohl sie im Vergleich zu ihren ersten Ausführungen sehr modernisiert sind, immer noch im Einsatz. Frankreich hat sich für den A330 MRTT Phoenix als zukünftiges Tankflugzeug entschieden. Am 16. Dezember 2015 hat die Generaldirektion für Rüstung (DGA) eine erste feste Bestellung für den Kauf von acht Flugzeugen für eine Gesamtflotte von zwölf Flugzeugen erteilt. Diese Flugzeuge werden schließlich die alte Flotte KC-135R und C-135FR 2/91 »Bretagne« ersetzen, die 2025 aus dem aktiven Dienst ausscheiden werden, sowie die Airbus A-310-300 und A-340-200 des Transportgeschwaders (ET) 60 »Estérel«.

Das neue Tankflugzeug verfügt über einen starren Ausleger und eine Gondel unter beiden Flügeln. Im Gegensatz zu den derzeit im Einsatz befindlichen C-135FR und KC-135RG mit einer Kapazität von insgesamt 17 Tonnen Treibstoff kann der A330 MRTT nicht weniger als 50 Tonnen mitführen. Sowohl der Stratotanker als auch der Phénix haben eine Reichweite von 4:30 Stunden im Einsatzgebiet und können bis zu 2.000 Kilometer vom Stützpunkt entfernt operieren. Darüber hinaus können diese Flugzeuge auch Transportaufgaben übernehmen, da sie bei einer Reichweite von 10.000 km 271 Passagiere oder bei einer Reichweite von 7.000 km 40 Tonnen Fracht aufnehmen können. Die Maschinen können auch als Relais-Kommando mit erweiterter Kommunikation für die im Einsatzgebiet operierenden Flugzeuge dienen, einschließlich C2-Kommunikation und SATCOM. Darüber hinaus kann es auch als Informations-Relais ISR (Intelligence, Surveillance und Recognition) eingesetzt werden. Mit hoher Kapazität für Empfang, Verarbeitung und Verbreitung der empfangenen Daten.

Air France erhält die neuen KC-130J in einer gemeinsamen Staffel mit der deutschen Luftwaffe in Evreux. Ihre Hauptaufgabe wird die Betankung von Hubschraubern sein, wobei die ersten Empfänger die Caracal sein werden.

Wie andere trägergestützte Einheiten nutzt auch die französische Marine Buddy-Buddy-Betankungspakete für ihre Rafale.

In Erwartung des Einsatzstatus der A400M als Tanker und angesichts des bevorstehenden Abzugs ihrer C-160 unterzeichneten die Armée de L'Air und die deutsche Luftwaffe 2016 eine Vereinbarung für eine gemeinsame Operation einer deutsch-französischen Staffel aus sechs C -130J und KC-130J, die auf dem Luftwaffenstützpunkt 105 Evreux stationiert werden sollten. Die erste Lieferung erfolgte im Jahr 2019, während das Geschwader im Laufe des Jahres 2021 einsatzbereit werden sollte.

Während eines Fluges mit dem A330 MRTT der Armée de l'Air

Wir waren zu Gast bei 31e EARTS während einer Übungsmission zugunsten der französischen Luft- und Seestreitkräfte. Ziel war es, die Ausbildung einer ARO zu perfektionieren und einige Empfängerbesatzungen für die erforderliche Anzahl von Luftbetankungseinsätzen zu qualifizieren, um die Befähigung aufrechtzuerhalten. Yohann ist unser Flugkapitän, der nach seiner Erfahrung auf Kampfflugzeugen und dem neuen Einsatz auf der Phénix viele Jahre auf der KC-135FR verbracht hat, deren Flexibilität und enorme Ladekapazität er sehr schätzt. Es stellt sich unweigerlich die Frage, ob er dem Boeing-Tankflugzeug etwas nachtrauert. Da Yohann auf Kampfflugzeugen wie der Mirage III ausgebildet wurde, hat er eine besondere Vorliebe für hydraulische Flugsteuerungen, aber alles, was die Phénix an Avionik und Bedienbarkeit bietet, ist unvergleichlich. Wir stehen vor einem Wendepunkt. Weitere Einsätze mit einer größeren Anzahl von Empfängern sind möglich.

Sergeant Romain ist der ARO auf dem Betankungsflug, an dem wir teilnehmen durften. Wir fragen uns, wie er mit der ganzen virtuellen Technik, die das Phénix bietet, zurechtkommt. Seine Antwort ist, dass die 3D-Brille dazu beiträgt, das Gefühl der Tiefe zu erhalten, das verloren geht, wenn man sich nicht mehr in der Nähe des Empfängers befindet. Aber die gesamte Technologie des Phénix und die Tatsache, dass man direkt mit den modernsten Flugzeugen wie der Rafale vernetzt ist, ist eine großartige Sache: Noch bevor ein Flugzeug Kontakt aufnimmt, weiß man, mit wie viel Treibstoff es gestartet ist und wie viel es braucht, und kann sich auf die Mission konzentrieren. Die Vorflugkontrolle dauert eine gute Stunde, und dann können wir uns endlich auf der Startbahn von Istres aufstellen: Die mit 5 km längste Piste Europas erwartet uns.

Wir haben einen VALNT36-Funkcode und 9 Personen an Bord, darunter Piloten, Tankwart, Fluglehrer, Ladungsmanager und Sicherheitsmanager, die eine Sicherheitseinweisung wie bei einer Fluggesellschaft durchführen. Für das Personal werden häufig Flüge durchgeführt, die wie Passagiere auf Linienflügen behandelt werden, einschließlich Verpflegung und Sicherheitsanweisungen.

Der A-330MRTT im französischen Dienst trägt den Namen Phénix. 16 Stück wurden von der französischen Beschaffungsbehörde DGA bestellt und werden seit Juli 2018 ausgeliefert. Die erste französische A330 MRTT absolvierte ihren Erstflug im September 2017 und wurde in Getafe aus einer in Toulouse montierten Standard-A330 umgerüstet.
Im Inneren der riesigen Wartungshallen von Istres, mit den verschiedenen von der Decke hängenden Transportwagen, die es ermöglichen, jedes Element des Phénix schnell zu erreichen.

Kommandoposten des A330 während des VALNT36-Einsatzes.

Das Flugzeug bietet Platz für 88 Passagiere, und eine Leiter führt in die untere Etage, wo sich bei sehr langen Einsätzen Ruheplätze für die Besatzung befinden.

Nach mehr als einer Stunde wird die Verkehrskontrolle kontaktiert und um die Erlaubnis für freie Manöver gebeten. Wir befinden uns in Avord, südlich von Paris, wo die Betankungskreise geplant sind, traditionelle Ovale, die gegen den Uhrzeigersinn verlaufen. Es wird nach dem NATO-Verfahren vorgegangen, wobei die Empfänger auf der linken Seite erscheinen, manchmal nur einer am Versorgungsschlauch und manchmal beide gleichzeitig.

Die Show ist immer wieder faszinierend. In 20.000 Fuß Höhe und mit über 600 kmh treffen wir einen Teil der französischen Kampfflugzeuge: Mirage 2000-5, Mirage 2000D, Rafale B der Armée de l'Air et de l'Espace und Rafale der 17F Flotille der Marine Nationale. Der Betreiber bittet um die Bestätigung des Namens und des Treibstoffbedarfs, dann wird der Kontakt hergestellt, offenbar ohne Schwierigkeiten in den leichten Turbulenzen. Die Betankung dauert zwischen vier und sieben Minuten, danach setzen sich die Paare wieder auf der rechten Seite des Tankers zusammen, salutieren und setzen ihre Mission fort.

Nach nicht weniger als 10 Tankvorgängen ist es Zeit für die Rückkehr. Die ARO hat keine Zeit zum Plaudern, sondern ist mit einer virtuellen Betankungsübung mit einem starren Ausleger beschäftigt. Nacheinander erscheinen auf den Bildschirmen mehrere polnische F-16, die

Eine Mirage 2000D in Abfangkonfiguration ist mit dem Tanker verbunden, während eine Rafale auf ihren Einsatz wartet.

nicht von echten Flugzeugen zu unterscheiden sind – die Stärke des Phénix liegt auch in seinen Trainingsmöglichkeiten.

Die Landung ist ohne Zwischenfälle, wir rollen entlang der Rampe, die von den letzten sieben KC-135FR belegt ist, und verabschieden uns von den Quadrijets. Sie sind mit den neuen Lieferungen der MRTTs immer weniger aktiv. Wieder einmal zeigt ein Einsatz die Professionalität der französischen Besatzungen.

Die A330 Phénix etabliert sich daher als ein wesentliches Fähigkeitsinstrument zur Aufrechterhaltung der Glaubwürdigkeit der nuklearen Komponente und spielt eine wichtige strategische Rolle für die Armée de l'Air et de l'Espace, die ihre Führungsposition unter den europäischen Nationen stärken möchte. Ihre sich weiterentwickelnden Fähigkeiten werden es ihr ermöglichen, einem sich ständig verändernden geopolitischen Umfeld zu begegnen und ein glaubwürdiges operatives Leistungsniveau über einen absehbar langen Zeitraum zu gewährleisten.

Der ARO-Arbeitsplatz (Air Refueling Operator) mit 6 Bildschirmen für den Operator und den Ausbilder (rechts).

Ein nettes Feature des MRTT ist die Möglichkeit, während des Einsatzes ein Training für die ARO durchzuführen. Eine virtuelle F-16 erscheint auf dem Bildschirm der ARO, um einen Kontakt zu simulieren.

Eine Rafale der Armee de l'Air wartet auf den Anschluss an die Phénix 047.

Bhāratīya Vāyu Senā (Indien)

Die indische Luftwaffe betreibt eine Flotte von sechs IL-78, die 2003/04 aus Russland erworben und von TAPO (Tashkent Aviation Production Association) hergestellt wurden, um die strategische Reichweite ihrer Kampfjets zu erweitern. Der Hauptgrund für die Anschaffung von Luftbetankungsfähigkeiten war die Notwendigkeit, Pakistan unter Druck zu halten, und so wurden die Flugzeuge bei der 78th Flight Refueler Aircraft Squadron in Agra stationiert, der ersten indischen Luftbetankungseinheit. Die Flugzeuge wurden in großem Umfang zur Unterstützung der MiG-29, SU-30 und Jaguars der indischen Luftwaffe eingesetzt. Aber der Einsatz brachte auch Nachteile mit sich: Die IL-78 benötigt eine Start- und Landebahnlänge von 11.480 Fuß bis 15.022 Fuß, um volle Treibstoffladungen zu transportieren, aber die 10 Flugplätze, die von der IAF für den Tankflugbetrieb ausgewählt wurden, haben Start- und Landebahnen mit einer Länge von weniger als 10.000 Fuß. Hinzu kommen Mängel bei den Betankungsbehältern und das Fehlen geeigneter Hangars für Tankflugzeuge, wie eine von der IAF in Auftrag gegebene Prüfung ergab. Angesichts des zunehmenden Drucks auf China und der Entscheidung, eine weitere Tankflugzeuganlage in Panagarh in Westbengalen zu errichten, schrieb Indien sechs neue Tankflugzeuge aus. Airbus, Boeing, Bedek und Iljuschin nahmen an dem Wettbewerb teil, der zweimal vom Finanzministerium wegen wirtschaftlicher Probleme und Bedenken hinsichtlich der schwierigen Integration der Empfänger, einer Mischung aus russischen, amerikanischen und europäischen Flugzeugen, blockiert wurde. Um aus der Sackgasse herauszukommen, wurde 2018 eine dritte Informationsanfrage gestartet, an der Airbus A330 MRTT, Boeing KC-46 und Iljuschin IL-78MK teilnahmen. Als Überbrückungsmaßnahme sollen die aktuellen IL-78 im Rahmen einer Überholung neue Triebwerke erhalten, um die Startleistung zu verbessern. Darüber hinaus besteht die Möglichkeit der Luftbetankung über die 754er Buddy-Buddy-Tankanlage von Cobham, die in einigen Sukhoi Su-30 MKI und MIG-29K installiert ist. Angesichts der begrenzten Start- und Landebahnen für IL-78 auf mehreren indischen Luftwaffenstützpunkten und der Startbahnen auf den indischen Flugzeugträgern erwies sich die Buddy-Buddy-Lösung als attraktiv. Ein SU-30- oder MiG-29-Tankflugzeug kann von einer für das Iljuschin-Tankflugzeug unmöglichen Landebahn starten und andere Flugzeuge betanken, während eine MiG-29 von einem Flugzeugträger mit einer schwereren Bewaffnung starten und später betankt werden kann, was sowohl die operative Effizienz als auch die Reichweite verbessert.

Ein IL-78-Tanker der indischen Luftwaffe, ausgestattet mit zwei Betankungspunkten.

Bhāratīya Vāyu Senā (Indien)

4. Flügel, 78. Staffel *Luftwaffenstützpunkt Agra*		**IL-78MKI**

In der indischen Luftwaffe erhielten die IL-78-Tankflugzeuge den Spitznamen »Gairaj« (Elefanten) und wurden zum ersten Mal

Die Verfügbarkeit des Zvezda Buddy Store Packs wird von der indischen Luftwaffe genutzt. In diesem Fall betankt eine SU-30MK der indischen Luftwaffe eine Mirage 2000.

Tentara Nasional Indonesia-Angkatan Udara (Indonesien)

Die Tentara Nasional Indonesia-Angkatan Udara (indonesische Luftwaffe) betreibt 21 C-295 und 14 CN-235 sowie zwei Lockheed Martin KC-130B-Tankflugzeuge, die in den 60er-Jahren erworben wurden. Eines dieser Flugzeuge stürzte in Medan ab, und seither ist die TNI-AU für ihren Luftbetankungsbedarf auf eine einzige Hercules angewiesen, die dem Lufttransportgeschwader 32 auf dem Luftwaffenstützpunkt Abdul Rachman Saleh in Malang zugeteilt ist. Die Anschaffung neuer Tankflugzeuge ist zu einem Hauptanliegen der TNI-AU geworden, die 17.000 Inseln zu verteidigen hat. Es besteht ein erhöhter Bedarf an Empfängern wie der indonesischen Lockheed Martin F-16C/D, Sukhoi Su-27/30 und Hawked Hawk sowie der geplanten Su-35 und A-400M und einer Reihe von Hubschraubern, die mit einer Sonde für die Luftbetankung ausgestattet werden können, wie Airbus der AS-332 Super Puma und der H-225M. Ein offizielles Beschaffungsprogramm für zwei große Tankflugzeuge bis 2024 ist 2018 angelaufen, wobei der Schwerpunkt auf dem Airbus A330 MRTT und dem Boeing KC-46A Pegasus liegt, die beide die Reichweite von Kampfflugzeugen drastisch erhöhen können. In der Zwischenzeit wäre ein A400M, der mit Schlauch- und Löschkapseln ausgestattet ist, mit den Hawk-Trainern und der Su-27/30-Flanker-Flotte kompatibel.

Eines der ältesten Flugzeuge der indonesischen Luftstreitkräfte ist die KC-130B, die mit zwei Gondeln ausgestattet ist.

Tentara Nasional Indonesia-Angkatan Udara (Indonesien)

Geschwader Udara 2 Skadron Udara 32 *Luftwaffenstützpunkt Malang/Abdulrachman Saleh*		**KC-130B**

Niru-ye Havayi-ye Artesh-e Jomhuri-ye Eslami-e (Iran)

Die kaiserlich-iranische Luftwaffe zur Zeit des Schahs wurde Auftraggeber des größten jemals realisierten Tankflugzeugs. Das schwere Tankflugzeug B-747 ging in den 70er-Jahren aus einer Spezifikation der USAF hervor, die ATCA (Advanced Tanker Cargo Aircraft) genannt wurde, um ein Tankflugzeug zu realisieren, das leistungsfähiger als der KC-135 Stratotanker war. Die Konkurrenten waren die DC-10, die Lockheed L-1011, die Lockheed C-5 und die Boeing 747. Die DC-10 und die 747 kamen in die engere Wahl. Die erste Boeing 747 wurde als KC-747 mit einem Ausleger ausgestattet, der dem der KC-135 ähnelte. Die Konstruktion sollte einen Luftbetankungsbehälter an der Nase haben, wie er später beim E-4-Gefechtsstand zu sehen war, der ebenfalls auf der B-747 basierte. Tests bewiesen, dass die KC-747 eine ausgezeichnete Plattform war, aber die USAF bevorzugte die KC-10 aufgrund ihrer geringeren Kosten und ihres fortschrittlicheren Fly-by-Wire-Auslegers. Das Design der KC-747 ging nicht verloren, da die iranische Luftwaffe noch während des ATCA-Programms zwei Exemplare beschaffte. Ziel war es, ein besseres Tankflugzeug als die bereits im Einsatz befindliche B-707 für die Hunderte von bestellten F-4 Phantoms bereitzustellen. Die iranische Luftwaffe beschaffte einige B-747-124 und später fünf B-747-2J9. Mindestens fünf von ihnen wurden als Tankflugzeuge mit der Nebenaufgabe eines fliegenden Gefechtsstandes umgebaut. Im Jahr 2017 wurde ein Großauftrag über 20 IL-78MKI-Tankflugzeuge gemeldet, der jedoch nie ausgeführt wurde.

Während des iranisch-irakischen Krieges in den 80er-Jahren verfügte die iranische Luftwaffe noch über ein Tankflugzeug des Typs -707, das die Islamische Republik von der Schah-Regierung geerbt hatte. Dieses wurde am 4. April 1981 am effektivsten zur Betankung eingesetzt. 8 F-4 Phantoms der RIAF flogen in Langstreckenflügen in den Irak, um den Flugplatz H-3 Al Walid nahe der jordanischen Grenze zu bombardieren.

Niru-ye Havayi-ye Artesh-e Jomhuri-ye Eslami-e (Iran)

Tankflugzeugstaffel *Teheraner Luftwaffenstützpunkt Mehrabad*		**B-707-3J9C** **B-747-131**

Die KC-747 der iranischen Luftwaffe ist mit einem selbst entwickelten Auslegersystem ausgestattet und kann Empfänger wie F4 und F-14 betanken.

In den Jahren 1976-77 beschaffte die IIAF im Rahmen des Programms Peace Station 14 B-707-3J9C, die als Frachtflugzeuge mit sekundärer Luftbetankungsfähigkeit ausgestattet waren, sowie mit einem Hochgeschwindigkeitsausleger ähnlich dem der KC-135 und zwei Beech-Schlauchtrommel-Pods unter den Flügeln.

Heyl Ha'Avir (Israel)

Zum Auftrag der israelischen Luftstreitkräfte gehören die Sicherung der territorialen Integrität Israels, Luftverteidigung und Bereitstellung der Luftkomponente der israelischen Streitkräfte in den Haupteinsatzgebieten Mittelmeer im Westen und im Golf von Akaba, im Luftraum über dem Roten Meer und über dem Golf von Suez im Süden.

Anfang der 1960er-Jahre erkannte die israelische Luftwaffe, dass sie ein größeres Transportflugzeug benötigte als die im Einsatz befindlichen Douglas C-47 und die Nord N2501 Noratlas, und versuchte, die Lockheed C-130 Hercules zu beschaffen. Aber das Flugzeug war zu teuer, und vor allem die Vereingten Staaten weigerten sich, die Hercules aufgrund des Waffenembargos an Israel zu verkaufen, da sie als strategisches Militärgut betrachtet wurde.

Fast zur gleichen Zeit ließ Israeli Aircraft Industries zwei Boeing 377 Stratocruiser in Privatbesitz in seinem Werk in Tel Aviv überholen. Israeli Aircraft Industries wurde Eigentümer dieser Flugzeuge und schlug der IAF vor, die B-377 als Militärtransporter umzubauen. Als Verkehrsflugzeuge brauchten sie einen stärkeren Kabinenboden und einen beweglichen Kran, um den Umschlag von Fracht zu ermöglichen. Das Heckteil wurde durch ein militärisches C-97 Statocruiser-Heckteil ersetzt, einschließlich einer Frachttür.

Insgesamt zehn B-377 Starocruiser wurden von IAI für die IAF umgerüstet. Zwei davon wurden später als Tankflugzeuge mit Schlauch- und Tankhülsen unter den Außenflügeln umgerüstet, den gleichen Hülsen wie bei den Mc Donnell Douglas A-4E/A-4H und A-4N »Ahit» (Geier).

Nach dem Sechstagekrieg 1968 erhielt die USAF vier KC-97G, um die F-4E Kurnass in der Luft auftanken zu können. Die Flugzeuge waren mit einem Ausleger ausgestattet, wie alle KC-97, und dieses System diente als Grundlage für die Entwicklung des fliegenden Auslegersystems von IAI, das verbessert und für die nachfolgenden B-707-Tankflugzeuge der IAF übernommen wurde.

Mit der Auslieferung der A-4 Skyhawk im Jahr 1967 wurden mindestens drei Stratocruiser zu Tankflugzeugen mit fliegendem Ausleger und Unterflügel-Betankungskapseln umgebaut. Die Stratocruiser beendeten ihre Karriere bei der IAF im Jahr 1978 und überließen die Luftbetankung einer Reihe verschiedener B-707, die alle von IAI aus Verkehrsflugzeugen umgebaut wurden.

Die B-707 und die KC-130-Tankflugzeuge haben an mehreren wichtigen Kriegseinsätzen teilgenommen: Operation Thunderbolt 1976 (Überfall auf Entebbe), Operation Opera 1981 (Zerstörung des iranischen Atomreaktors), Operation Wooden Leg 1985 (Überfall in Tunesien) und Operation Orchard 2007 (Zerstörung des syrischen Atomreaktors). Alle diese Einsätze waren ohne Unterstützung durch Luftbetankung nicht möglich. Israel hofft, die KC-46A anzuschaffen, um seine umgebauten Boeing 707 Re'em-Tankflugzeuge zu ersetzen. Dies wurde als eine der höchsten operationellen Prioritäten für die nächsten 10 Jahre bezeichnet.

Heyl Ha'Avir (Israel)

103 Geschwader Flugplatz Nevatim (FlBschft BMVg)		**KC-130H**
Luftwaffenstützpunkt Nevatim, Staffel 120		**KC-707**
131 Geschwader Luftwaffenstützpunkt Nevatim		**KC-130H**

Die ersten B-377 Stratocruiser traten am 1. Juli 1964 in die IAF ein. Sie waren die größten Flugzeuge in Israel. Einige erhielten eine Luftbetankungsanlage. Die Flugzeuge wurden Anak (Riese auf Hebräisch) genannt.

Die IAF verfügt über fünf Tankflugzeuge des Typs KC-130H Hercules, genannt Karnaf (Rhiniceros).

Die israelischen B-707 erhielten den Namen Re'em (Orix Antelope). Sie verwenden ein Betankungssystem mit im Rumpf eingebauten Tanks und einem intern entwickelten, von der KC-135 abgeleiteten Flugbaum.

Aeronautica Militare Italiana

Da Italien vor dem Zweiten Weltkrieg oft als »Flugzeugträger mitten im Mittelmeer« betrachtet wurde und eine Luftwaffe hatte, die in erster Linie der Landesverteidigung diente, wurde die Notwendigkeit der Luftbetankung erst dann in Betracht gezogen, als die NATO in den 80er-Jahren begann, Auslandseinsätze und Langstreckenmissionen zu verlangen. Im Gegensatz zu den vielen F-104, die in Italien eingesetzt wurden, verfügte der Tornado IDS über keine Luftbetankungsmöglichkeit, so dass die erste Beschaffung von vier umgebauten B-707 nach einer ersten Notlösung mit einem Satz Buddy-Buddy-Pods die logische Wahl war.

Die Flugzeuge kamen aus Portugal und wurden von Aeritalia mit zwei Sargen Fletcher Pods umgerüstet. Sie erhielten die Bezeichnung B-707 T/T (Tanker/Transport), um ihre doppelte Verwendung widerzuspiegeln. Später wurden sie als als KC-707A bezeichnet. Der erste Einsatz als Transportflugzeug erfolgte am 25. Juni 1992 mit der Beförderung eines Ersatzmotors für eine Frecce Tricolori MB-339, die während einer USA-Tournee vor Ort geblieben war. Die Luftbetankungsmissionen begannen im Spätsommer desselben Jahres und später wurde auch der Harrier von Marina Militare als Empfänger zugelassen. Die Flugzeuge nahmen an zahlreichen humanitären Einsätzen in Somalia, Ruanda, Sierra Leone, dem Kongo, der Ukraine und sogar in Südostasien teil, wo sie Hilfsgüter für die vom Tsunami im Jahr 2004 betroffene Bevölkerung transportierten. Die KC-707A wurde sofort an vorderster Front eingesetzt und fand Verwendung bei friedenserzwingenden und friedenserhaltenden Missionen in Bosnien 1995 und im Kosovo 1998.

AMX, MB-339 und alle bei Aeronautica Militare im Einsatz befindlichen Flugzeuge wurden in Kombination mit der KC-707A zugelassen. Bis April 2008 wurde sie ausgiebig genutzt, als das letzte Flugzeug der in Pratica di Mare stationierten 8. Gruppe des 14° Stormo während der Vorbereitungsphase der Frühjahrsflaggenübung seinen letzten Einsatzflug absolvierte.

Als neues Tankflugzeug für Aeronautica Militare wurde die KB-767A ausgewählt. Vier Einheiten wurden bestellt und sollten ab 2005 ausgeliefert werden. Das Flugzeug wurde während der Entwicklungsphase auch ausgiebig von Boeing genutzt, da es die erste Tankerumrüstung für diesen Typ war und als Basis für die KC-46 dienen sollte, die mit der USAF um das KC-X-Programm konkurrierte. Während dieser Zeit wurde sie mit den meisten amerikanischen Empfängern getestet, aber es kam zu Verzögerungen bei den Pylonen und der Luftströmung am Flügel, so dass Italien ohne Luftbetankungsmöglichkeit blieb. Boeing stellte eine B-767 CTA

Während ihrer Zeit bei 14° Stormo erhielt die KC-707 den Spitznamen »Aquila d'acciaio« (Eiserner Adler). Einsätze wurden in der Regel mit dem Codenamen »Agip« in Anlehnung an das nationale Benzin durchgeführt. 23.000 Flugstunden wurden in 16 Jahren von der Gruppe der italienischen B-707 absolviert.

zur Verfügung, um die Besatzung mit dem Typ vertraut zu machen und Transporttätigkeiten durchzuführen. Dem weißen Zweistrahlflugzeug fehlte jedoch die Betankungsausrüstung, so dass es nicht für die AAR-Ausbildung eingesetzt werden konnte. Die Verlegung der AMX-Flotte nach Nevada für die Red Flag-Übung wurde mit amerikanischer Unterstützung durchgeführt, und eine C-130J der in Pisa stationierten 46^ Brigata Aerea wurde mit Hilfe eines Betankungssatzes in eine KC-130J mit zwei Betankungsbehältern unter den Flügeln umgewandelt.

Die KC-130J wurde zu einem wichtigen Aktivposten, da sie als einziges Flugzeug der Aeronautica Militare in der Lage war, Hubschrauber wie die HH-101 Caesar oder die französische EC-725 Caracal zu betanken, die von Spezialkräften oder bei Rettungseinsätzen eingesetzt wurden, und so deren Fähigkeiten erheblich verbesserte.

Schließlich wurde der KC-767A 2009 an das RSV (Reparto Sperimentale Volo), das ItAF-Testgeschwader in Pratica di Mare, ausgeliefert und ausgiebig getestet, um die Kompatibilität des Tankers mit dem Eurofighter F-2000 und dem MB-339CD zu prüfen.

Die Indienststellung erfolgte am 17. Mai 2011 auf dem 14° Stormo in Pratica di Mare. Nach vielen Verzögerungen hatte Aeronautica Militare endlich eine hervorragende Maschine in Betrieb, die ein wertvoller Aktivposten im Europäischen Lufttransportkommando ist und vielseitig als Tankflugzeug, Frachtflugzeug, Passagierflugzeug, Kombi-Flugzeug und zur medizinischen Evakuierung eingesetzt werden kann. Bei der letzten Aufgabe erregte das Flugzeug große Aufmerksamkeit in den italienischen Medien, als es 2015 einen vom Ebola-Virus befallenen Patienten von Sierra Leone nach Italien transportierte, wobei eine Bio-Kontaminationskammer zum Einsatz kam, die eine Besonderheit von Aeronautica Militare darstellt. Die drei typischen Konfigurationen sind:

- Kombi, die 100 Passagiere und 10 463 L Paletten auf dem Hauptdeck transportieren kann, plus 3 463L und drei LD4 im Unterdeck, für insgesamt 55.000 lbs.
- Full Pax, die 200 Passagiere auf dem Hauptdeck transportieren kann, plus 3 463L Paletten und drei LD4 im Unterdeck, für insgesamt 50.000 lbs.
- Cargo, mit einer Kapazität von 19 463 L Paletten und der gleichen Ladung im unteren Deck, insgesamt 64.000 lbs Ladung.

Als Tankflugzeug ist die KC-767A für die Betankung aller aktuellen Flugzeuge zugelassen und kann von einem anderen Tankflugzeug mit einem Auslegersystem über die UARRSI (Universal Aerial Refueling Receptac-

Aeronautica Militare Italiana

46ª Brigata Aerea - 2° Gruppo *Luftwaffenstützpunkt Pisa San Giusto*			**KC-130J**
46ª Brigata Aerea - 50° Gruppo *Luftwaffenstützpunkt Pisa San Giusto*			**KC-767A**
14ª Stormo - 8° Gruppo *Luftwaffenstützpunkt Practica di Mare*			**Tornado IDS (T)**
6ª Stormo - 102° Gruppo *Luftwaffenstützpunkt Ghedi*			**C-135FR KC-135FR KC-135FRG A330 MRTT**

le Slipway Installation) über dem Cockpit betankt werden.

Die Betankung erfolgt über die RARO-Station (Remote Aerial Refueling Operator Station), die aus zwei Positionen besteht, von denen eine durch den verantwortlichen Ausleger-Operator und eine zweite durch einen zweitenAusleger-Operator oder einen Ausbilder besetzt ist.

Der Bediener verfügt über zwei Touchscreen-Displays, auf denen die Videobilder und das Treibstoffmanagementsystem angezeigt werden. Die KC-767 ist mit einem automatischen System ausgestattet, das den Treibstoff zwischen den verschiedenen Tanks umleitet, die sowohl für den Tanker selbst als auch für die Empfänger verwendet werden. Die Videoüberwachung erfolgt über ein RVS (Remote Vision System) mit drei Kameras, die den Kontaktbereich der Unterflügel und des mittleren Auslegers darstellen.

Der Bediener ist mit einem HMD-System (Head Mounted Display) ausgestattet, das für die Wahrnehmung der Situation sehr wichtig ist, da es eine dreidimensionale Ansicht des Empfängers bietet.

Die KC-767A ist eines der nützlichsten Luftfahrzeuge der Aeronautica Militare und wurde unter der Kontrolle des EATC und bei NATO-Einsätzen in großem Umfang eingesetzt.

Der erste Einsatz im Kriegsgebiet erfolgte schließlicheinige Monate nach der Auslieferung, als das neue Tankflugzeug italienische Flugzeuge betankte, die an der Operation Unified Protector gegen Libyen beteiligt waren.

Seitdem wurde die Flotte für die Luftbetankung mit mehreren Verbündeten zertifiziert: Sie unterstützte britische Eurofighter bei der Luftfahrtausstellung LIMA 13, führte kollektive Luftbetankungszertifizierungen und -tests mit multinationalen Gripen- und Rafale-Kampfflugzeugen durch und eskortierte die spanischen EF-18 und Eurofighter Typhoons nach Konya in der Türkei zur Anatolian Eagle im Jahr 2014.

In jüngster Zeit war die 14° Stormo an der Operation »Prima Parthica« im Kampf gegen Daesh beteiligt, als Teil der multinationalen Bemühungen im Rahmen der »Inherent Resolve«-Angriffe. Die Task Force Air operiert seit Oktober 2014 in Kuwait mit dem Ziel der Aufklärung, Überwachung, Luftaufklärung und Luftbetankung. In den Basen Ali Al Salem, Ahmed Al Jaber und Abdullah Al Mubarak arbeiten eine Reihe von AMX, Predator und KC-767A in Synergie mit der internationalen Koalition. Die Tankflugzeuge sind in Al Mubarak stationiert und bleiben so lange wie möglich vor Ort, um die an der Front eingesetzten multinationalen Einheiten zu unterstützen.

Eine italienische KC-767A bei der Luftbetankung.

Die Tankerversion der Hercules C-130J ist mit zwei Fallschirmsystemen unter den Flügeln ausgestattet und kann bis zu 19 Liter Treibstoff pro Sekunde umfüllen, so dass zum Beispiel vier Flugzeuge in weniger als 30 Minuten betankt werden können.

Eine weitere italienische Maschine, die Luftbetankungsaufgaben wahrnimmt, ist der Tornado 6° Stormo, der mit einem Buddy-Buddy-Pod Sargent Fletcher 28-300 ausgestattet ist. Die Umrüstung erfolgte während des Golfkriegs 1991, als Aeronautica Militare über keine Tankflugzeuge verfügte. Der Tornado kann bis zu 45% des in seinen Tanks vorhandenen Treibstoffs auf ein anderes Flugzeug übertragen, plus 300 Gallonen zusätzlichen Treibstoffs, der sich in der Gondel selbst befindet.

Im Flug mit der KC-767A der Aeronautica Militare Italiana

Im November startete die NATO mit Trident Juncture 2015 die größte NATO-Übung seit Ende des Kalten Krieges. Bei dieser Gelegenheit hatten wir auch die Gelegenheit, an einer Tankaktion von Pratica di Mare aus teilzunehmen. An der Übung, die in ganz Italien, Portugal, Spanien, dem Atlantik und dem Mittelmeer sowie in Kanada, Norwegen, Deutschland, Belgien und den Niederlanden stattfand, waren 36 000 Personen aus mehr als 30 Nationen beteiligt. Ziel war die Demonstration der gemeinsamen modernen Kriegsführung in einem umfassenden Ansatz. Es gab eine starke Luftkomponente mit 115 Kampfflugzeugen, 9 Tankflugzeugen, 19 Transportflugzeugen, 3 Awacs, 2 elektronischen Kampfflugzeugen, 36 Hubschraubern und einigen unbemannten Flugzeugen.

Ziel unserer Mission war es, einige der auf dem Luftwaffenstützpunkt Trapani stationierten Flugzeuge aufzutanken: Italienische F-2000 und AMX, polnische und amerikanische F16. Das Flugzeug ist als »Full-Pax« konfiguriert. Nach dem Start fliegt der Zweistrahler nach

Die Besatzung von MM62228 wird während eines Einsatzes im Rahmen der NATO-Übung »Trident Juncture« von einem Ausbilder sorgfältig beobachtet.

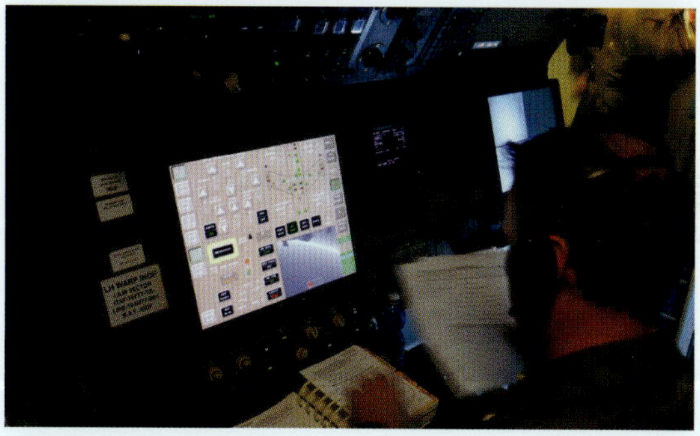

Die Bediener an Bord der KC-767A der italienischen Luftwaffe kontrollieren den Betankungsvorgang mit Hilfe eines Fernüberwachungssystems, das aus zwei Stereokameras an der Unterseite des Tankflugzeugs besteht. Die Hauptstation des Ausleger-Operators verfügt über zwei Joysticks für die Bedienung des Auslegers: der linke steuert das Teleskop, das Manövrieren der Positionslichter und die Notbremse, der rechte steuert die horizontale und azimutale Position des Auslegers und das Funkgerät. Die Arbeitsposition auf der KC-767 ist für den Ausleger-Operator wesentlich bequemer als auf der KC-135, wo der Bediener die ganze Zeit in Bauchlage arbeitet. Das Kamerasystem speist ein ferngesteuertes Sichtsystem (Remote Vision System, RVS), das hochauflösende, dreidimensionale Ansichten für die Sichtbrillen liefert, die der Ausleger-Operator während des Betankungsvorgangs verwendet.

KC-767A MM62228 wartet an der Rampe von Pratica di Mare auf ihren Einsatz.

Die KC-767 kann in drei Standardkonfigurationen umgerüstet werden. Hier sind Passagiersitze für den Personentransport eingebaut, auf denen bis zu 200 Personen in der Full-Pax-Version untergebracht werden. Der Twin Jet wird von den Besatzungen wegen seiner Flexibilität und Zuverlässigkeit sehr geschätzt. Eigenschaften, die einen umfassenden Einsatz bei multinationalen Aktivitäten des EATC erforderlich sind.

Südwesten in Richtung Isola di Ponza über dem Tyrrhenischen Meer, im Zentrum der uns zugewiesenen Betankungszone. Dort beginnt die erste von mehreren Kreisbahnen, um auf die Empfänger zu warten. Wir sind auf 18.000 Fuß und in einem bestimmten Moment werden Schläuche von den Gondeln abgerollt: Die eigentliche Aktivität beginnt jetzt. Bald tauchen die ersten AMX der 51° Stormo auf. Nachdem sie vom Einsatzleiter identifiziert wurden, nehmen die Kampfflugzeuge ihre Position hinter den Flügeln ein und in kurzer Zeit beginnt das Auftanken. Weniger als 20 Minuten später ist es Zeit für ein Trio von F-2000 der 36° Stormo. Dasselbe Identifizierungsverfahren, aber dieses Mal benutzen die Jäger nur die linke Gondel. Einer nach dem anderen, während die anderen warten und majestätisch in Formation mit dem Tanker fliegen. Die Kampfpiloten zeigen viel Vertrauen in das Manöver. Die Annäherung an die Gondel muss mit nicht mehr als 3 Knoten Unterschied zwischen den beiden Schiffen erfolgen. Aber es scheint mühelos zu sein, alle Jäger kommen nacheinander und fliegen kurz darauf wieder ab. Die 767 kreist weiter über Ponza, bis andere AMX zu ihrer Tankstelle kommen. Ein Ausbilder sitzt im Cockpit, um die Arbeit des Flugzeugführers und des Ausleger-Operators zu bewerten, und beglückwünscht sie nach der Nachtlandung in Pratica di Mare für ihre Arbeit. Die 14° Stormo hat wieder einmal ein hohes Maß an Professionalität bewiesen.

Empfänger während der Mission vom 3. November 2015 waren drei Eurofighter von 4° Stormo.

Kōkū Jieitai (Japan)

Seit dem Ende des Zweiten Weltkriegs waren die japanischen Streitkräfte auf eine rein defensive Rolle ausgerichtet, wobei die Luftwaffe die Aufgabe hatte, mögliche Angreifer abzufangen und zu neutralisieren. Lange Zeit bestand kein Bedarf an Luftbetankung, sondern die Flugzeuge waren aufgrund des Treibstoff- und Gewichtsbedarfs auf kurze Einsätze beschränkt.

Die große Präsenz amerikanischer Streitkräfte in den japanischen Stützpunkten deckte jedoch den gesamten Langstreckenbedarf zur Unterstützung der japanischen Luftwaffe. Seit den 80er-Jahren erhielten einige japanische Kampfpiloten im Rahmen gemeinsamer Übungen und Austauschprogramme mit den Vereinigten Staaten eine begrenzte Ausbildung in Luftbetankung. Ohne Tankflugzeuge in der japanischen Luftwaffe konnten diese Piloten ihre Fähigkeiten nicht aufrechterhalten. Die Piloten der luftgestützten Führungsplattformen konnten daher nicht einmal von einem der in Japan stationierten amerikanischen Tankflugzeuge auftanken. Ein Wandel in der Mentalität und in den Aufgabenbereichen der Luftwaffe erforderte die Unabhängigkeit von den Vereinigten Staaten, um die regionale Sicherheit zu gewährleisten. Um ein vollwertiger Partner bei gemeinsamen US-Operationen zu sein, muss Japan über eigene Tankflugzeuge verfügen, die die Reichweite und die Flugfähigkeit der japanischen Luftwaffe erhöhen und Operationen im gesamten Pazifikraum unterstützen.

Im Jahr 2001 entschied sich Japan für die KC-767 gegenüber dem Airbus A310 MRTT und unterzeichnete 2003 einen Vertrag über die Bestellung von vier Flugzeugen mit der Bezeichnung KC-767J. Im Juni 2005 traf das erste Flugzeug im Modifikationszentrum von Boeing in Wichita, Kansas, ein, um mit der Tankerausrüstung ausgestattet zu werden. Die Auslieferung der ersten KC-767J verzögerte sich aufgrund von Entwicklungsproblemen und der zusätzlichen FAA-Zertifizierung um etwa zwei Jahre.

Mit dem Eintreffen der KC-767J-Tankflugzeuge begannen die japanischen Luftstreitkräfte, an Übungen im Ausland teilzunehmen, darunter Red Flag-Alaska im Jahr 2014 und 2013 an Cope North mit Angehörigen der USAF und der Royal Australian Air Force auf der Insel Guam. Die zweiwöchige Übung, die von der Andersen Air Force Base aus durchgeführt wurde konzentrierte sich auf Luftkampfeinsätze, humanitäre Hilfe und Katastrophenhilfe.

Die japanischen KC-767J waren mit einem fliegenden Ausleger der Generation 5th ausgestattet, der über digitale Befehle verfügt und von einer RARO II-Station (Remote Aerial Refueling Operator Station) für den Auslegerbediener mit Konsole und dreidimensionalen Visieren bedient wird. Später schrieb die japanische Regierung einen KC-X-Wettbewerb für vier Tankflugzeuge zur Ergänzung der aktuellen KC-767J aus. Diesmal war neben dem fliegenden Ausleger auch die Verfügbarkeit einer Schlauch- und Drohnenausrüstung ein fester Punkt. Im Jahr 2016 wurde die Boeing KC-46 zum Sieger erklärt.Japan war der erste Exportkunde für dieses Flugzeug.

Ein weiterer Bestandteil der japanischen Luftstreitkräfte sind die in Nagoya stationierten KC-130H des Koku Shien Shudan (Air Support Command).

Kōkū Jieitai (Japan)

1 Yuso Kokutai 404 Hikotai *Luftwaffenstützpunkt Nagoya Komaki AB*		**KC-767J**
1 Yuso Kokutai 403 Hikotai *Luftwaffenstützpunkt Miho AB*		**KV-46**
Koku Shien Shudan 1 Yuso Kokutai *Luftwaffenstützpunkt Nagoya Komaki AB*		**KC-130H**

Japan war der erste Exportkunde für die Boeing KC-46. Diese Flugzeuge sind mit Cobhams Schlauch- und Fangtrichter-Tanksystemen während des Flugs, Raytheons digitalem Radarwarnempfänger (RWR) AN/ALR-69A und miniaturisiertem GPS-Empfänger (Global Positioning System) sowie Northrop Grummans AN/AAQ-24(V) Large Aircraft Infrared Countermeasures (LAIRCM)-System ausgestattet.

Der erste KC-767A wurde am 19. Februar an Japan ausgeliefert. Die erste Truppe von drei KC-767J erreichte im Mai 2009 den Status der anfänglichen Einsatzfähigkeit (IOC) bei der JASDF. Später im Januar 2010 wurde der vierte Tanker ausgeliefert. Die japanische Version des Tankflugzeugs ist nur mit einem Betankungsausleger ausgestattet. Die Notwendigkeit, die F-15 zu betanken, war der Hauptgrund für diese Entscheidung. Die spätere Entscheidung, auch Transportflugzeuge und andere Flugzeuge, die nicht für die Betankung mit Auslegern geeignet sind, zu bedienen, war eine treibende Kraft für die Wahl des nächsten Tankflugzeugs.

Al-Quwwat al-Jawwiyya al-Libiyya (Libyen)

Die große Fläche des libyschen Staates und gelegentliche Zusammenstöße mit Nachbarländern machen die Luftbetankung zu einem wertvollen Gut, damit die Flugzeuge große Entfernungen zurücklegen können, um ihre Ziele ohne häufige Tankstopps zu erreichen. Während der Gaddafi-Ära waren libysche Flugzeuge häufig an Angriffen auf den Tschad, den Sudan und Tansania beteiligt, wodurch der Bedarf an einem Luftbetankungsprogramm entstand. Das erste libysche Tankflugzeug wurde Ende der 80er-Jahre beobachtet und litt unter einer Reihe von Problemen, die zur Aufgabe führten, auch wenn angesichts der sich verschlechternden Lage im Land heute manchmal berichtet wird, dass eine IL-78 noch vorhanden ist, verständlicherweise ohne Bestätigung ihrer Lufttüchtigkeit. Die ehemalige libysch-arabische Luftwaffe wurde nach dem Sturz von Muammar Gaddafi in zwei Luftstreitkräfte aufgeteilt, die jeweils verschiedene Flugzeug- und Hubschraubertypen einsetzten. Von beiden Seiten wurde berichtet, dass viele als ausgemustert geltende Flugzeugzellen ausgeschlachtet wurden, so dass eine genaue Angabe von Flugzeugtypen und -zahlen unmöglich ist. Der Wendepunkt war der Tschad-Krieg in den 80er-Jahren, als sich die libyschen Stützpunkte, die der Grenze am nächsten lagen, als anfällig für Angriffe der französischen Luftwaffe und tschadische Überfälle erwiesen, was Angriffe fast unmöglich machte. Zunächst versuchten die Libyer, selbst ein Programm zu entwickeln, und baten ein deutsches Unternehmen namens Intec Technical Trade und Logistic um die Umrüstung einer C-130, mit der Möglichkeit, MiG-23 und Mirage F-1 zu betanken. Pods wurden installiert, aber die Hercules erwies sich in Bezug auf die Geschwindigkeiten als nicht geeignet für die MiG-23. Es wurde daher versucht, eine IL-76 der libyschen Luftfracht umzurüsten, aber die Aktivitäten wurden später wieder eingestellt. Trotz der Embargos gelang es Libyen, zumindest eine IL-78 aus Russland zu beschaffen, die mit den drei UPAZ-Pods ausgestattet war. Das Tankflugzeug trug die Farben und Titel der kommerziellen Jamahiriya Air Transport (Libyan Air Cargo), aber seine Tätigkeit als Tankflugzeug war immer recht schwer zu fassen. Einzelheiten über seine tatsächliche Verwendung sind wenig bekannt. Das Flugzeug wurde mehrmals als Frachtflugzeug beobachtet, bevor es auf dem Luftwaf-

Eine IL-78 der libyschen Luftstreitkräfte.

Al-Quwwat al-Jawwiyya al-Libiyya (Libyen)

Luftwaffenstützpunkt Mitiga		**IL-78**

fenstützpunkt al-Jufra am Boden blieb. Während des amerikanischen Angriffs auf Tripolis im Jahr 1986 wurde das IL-78-Tankflugzeug mit der Registrierung 5A-DLL als zerstört gemeldet, aber eine IL-78 mit der gleichen Registrierung wurde 2015 in Misrata beobachtet, was zu Spekulationen führte, ob es sich um den Umbau desselben Flugzeugs oder um ein anderes Flugzeug mit der gleichen Registrierung handelte.

Die libysche IL-78 verfügte über die standardmäßige UPAZ-Vorrichtung für die Betankung.

Königlich Kanadische Luftwaffe

Die Beteiligung an NORAD in den Jahren des Kalten Krieges führte dazu, dass die Royal Canadian Air Force eine Tankflugzeugflotte benötigte. Die in Trenton stationierte 437th Squadron erhielt den Auftrag und begann mit dem Einsatz der CC-137 als Lufttankflugzeuge. Die Flugzeuge wurden bis zu ihrer Ausmusterung im Jahr 1997 nach insgesamt 191.154 Flugstunden intensiv bei Verteidigungsübungen eingesetzt. Ende 1992 erhielt die RCAF fünf neue CC-130H Hercules, die bei Northwest Industries Limited in Edmonton, Alberta, auf die Tankerkonfiguration CC-130HT umgerüstet wurden. Mit einem Rumpftank, der 24.000 Pfund Düsentreibstoff fassen kann, neuen Treibstoffleitungen und Luftbetankungsbehältern im Drohnenstil haben die CC-130HT ein Vierteljahrhundert lang bei weltweiten Einsätzen für die Betankung gesorgt. Das erste modifizierte Flugzeug trug die Hecknummer 130339, und der erste Lehrgang für die Flugzeugbesatzung wurde 1993 abgeschlossen. Kurz darauf führte die Staffel ihre erste operative Luftbetankungsmission durch, und am 11. Februar 1993 war die 435th Squadron in Zusammenarbeit mit der US-Luftwaffe am Abfangen eines entführten Lufthansa-Airbus A310 vor der Ostküste Nordamerikas beteiligt. 1998 wurde die 435th Squadron im Rahmen der Operation Southern Watch nach Kuwait entsandt. Dort unterstützten die Tankflugzeuge der Staffel die verbündeten Kampfflugzeuge dabei, die Einhaltung der Resolution des UN-Sicherheitsrats im Irak nach dem Golfkrieg durchzusetzen. Im Jahr 1999 nahm die 435th Squadron an einer 79-tägigen NATO-Operation namens Operation Allied Force teil, einer Luftkampagne über der ehemaligen Republik Jugoslawien, bei der die CF-188 Hornet-Kampfflugzeuge, die von Aviano (Italien) aus Luftangriffe flogen, betankt wurden. Seit den Terroranschlägen vom 11. September 2001 war das Geschwader ununterbrochen an der Operation Noble Eagle beteiligt und leistete Luftbetankungsunterstützung bei der Verteidigung des nordamerikanischen Luftraums, häufig von vorgeschobenen Einsatzorten im hohen Norden Kanadas aus. Zwei CC-130H wurden au-

Eines der ersten kanadischen Tankflugzeuge, die KC-707.

Königlich Kanadische Luftwaffe

437 Transportgeschwader – 8 Flügel *Luftwaffenstützpunkt Trenton*		**CC-150T Polaris**
435 Transportgeschwader – 17 Flügel *Luftwaffenstützpunkt Winnipeg*		**CC-130H**

ßerdem 2011 im Rahmen der Operation Mobile nach Trapani, Italien, entsandt, um Kampfjets bei der Durchsetzung der Flugverbotszone über Libyen zu unterstützen. Die 437. Staffel erwarb 1992 von Canadian Airlines fünf Airbus A310-300, die in Kanada nach ihrer Umrüstung zu Tankflugzeugen als CC-150 Polaris bezeichnet werden. Sie sind derzeit die wichtigsten Tankflugzeuge der Königlich Kanadischen Luftwaffe. Die RCAF setzt bereits durch den Erwerb der ersten beiden A330-Verkehrsflugzeuge ihren Plan für deren Ablösung um. Diese beiden Maschinen wurden von Airbus Defense zu KC-30 MRTT modifiziert. Der Ersatz der A-310 MRTT wird endgültig sein, wenn die gesamte Flotte von sechs KC-30 zur Verfügung steht.

Fünf A-310-Flugzeuge der kanadischen Luftwaffe wurden auf die MRTT-Konfiguration umgerüstet und in Kanada als CC-150 Polaris bezeichnet. Die erste Lieferung erfolgte im Oktober 2004.
Für die Luftbetankung ist die CC-150 Polaris mit fünf zentralen Rumpftanks und zusätzlichen mittleren Tanks ausgestattet, die den Treibstoff über Schläuche und Fangtrichter unter den Außenflügeln liefern.
Die Gesamttankkapazität beträgt bis zu 96.920 l (171.000 lbs). Die 15005 auf dem Bild bedient RCAF CF-18 Hornets über dem Pazifik.

Das Tankflugzeug CC-130 Hercules kann mehr als 17.000 kg Treibstoff für die taktische Luftbetankung mitführen; es kann 450 bis 900 kg Treibstoff pro Minute umfüllen und so ein CF-18 Hornet-Kampfflugzeug in weniger als fünf Minuten betanken.

Fuerza Aerea Colombiana (Kolumbien)

Selbst eine Streitkraft, die nur über ein einziges Tankflugzeug verfügt, misst ihrer Rolle eine so große strategische Bedeutung bei, dass zunächst ihre KC-137 und später ihre KC-767 aktiv an wichtigen NATO-Übungen teilnahmen. Die Fuerza Aerea Colombiana nahm regelmäßig an den Red Flag-Aktivitäten in Nevada teil.

In Kolumbien sind drei Typen mit einer Betankungssonde ausgestattet: das Angriffsflugzeug A-37 Dragonfly und die aus Israel gelieferten und später zu Kfir C7 aufgerüsteten Kampfflugzeuge Kfir C2 sowie die Mirage M-5, die von CAMAN durch den Einbau von Canards und verbesserten Treibstoffsystemen auf den gleichen Standard gebracht wurden. Das FAC erwarb 1983 einen B-707-Transporter und ließ ihn 1990 in Israel zu einem Tankflugzeug umbauen und mit Pods Mk-32B ausstatten.

Das Tankflugzeug mit dem Namen Zeus wurde 1991 in Dienst gestellt und 2007 nach einer umfassenden Wartung als KC-137 klassifiziert. Seit 2009 wird die Zeus durch die Jupiter ergänzt, eine KC-767, die 2007 als Passagierflugzeug erworben und von der Bedek Aviation Group, einer Abteilung der Israel Aerospace Industries, zum Tankflugzeug umgebaut wurde. Die Umrüstung war keine einfache Anwendung vorhandener Bausätze einer B-767. Das FAC-Personal entwickelte die verschiedenen Systeme in Zusammenarbeit mit IAI-Ingenieuren.

In Anbetracht der kolumbianischen Beteiligung am KC-390-Projekt von Embraer wird dieses neue Flugzeug voraussichtlich eine aktive Rolle als Tankflugzeug im FAC übernehmen.

Die KC-137 Zeus war das erste Tankflugzeug der Fuerza Aerea.

Fuerza Aerea Colombiana

Grupo de Transporte Aéreo 81 Escuadrón de Transporte 811 *Luftwaffenstützpunkt Bogotà El Dorado*		**KC-767**

In Anlehnung an die griechischen Götter wurde die KC-137 auf den Namen Zeus und die KC-767 auf den Namen Jupiter getauft.

Ein Trio von Kfir C-7 mit dem Tanker Jupiter.

Al-Quwwat al-Jawwiya al-Kuwaitiya (Kuwait)

Im Jahr 2013 wurde die erste von drei KC-130J an die Kuwait Air Force (KAF) ausgeliefert, die einen potenziellen Bedarf von bis zu 8 Tankflugzeugen geltend macht. Die KC-130J werden zusammen mit drei L-100 Hercules für Lufttransportaufgaben eingesetzt und ermöglichen es Kuwait, sich an internationalen Katastrophenhilfe- und humanitären Missionen zu beteiligen. Die Tankflugzeuge werden zur Betankung der F/A-18 Hornet-Kampfflugzeuge der KAF eingesetzt und liefern bis zu 57.500 Pfund Treibstoff. Sie können auch mit einem zusätzlichen Rumpftank ausgestattet werden, der die Treibstoffmenge auf 80.000 Pfund erhöht.

Kuwait hat im Rahmen eines von der US-Marine verwalteten Programms drei KC-130J erworben, mit der Option, drei weitere hinzuzufügen. Sie dienen der Luftbetankung seiner F/A-18-Flotte und ergänzen seine derzeitige Lufttransportflotte von drei L-100.

Al-Quwwat al-Jawwiya al-Kuwaitiya (Kuwait)

G41 Transport Sq *Internationaler Flughafen Kuwait*		**KC-130J**

Tentera Udara Diraja Malaysia

Die Royal Malaysian Air Force war der erste asiatische Betreiber von Tankflugzeugen. Zwei 1961 beschaffte C-130B wurden in den 80er-Jahren zur KC-130B-Konfiguration aufgerüstet. Politische Probleme in Osttimor, wo Separatisten gegen Regierungstruppen kämpften, erforderten Langstreckeneinsätze für die malaysischen A-4 Skyhawks und Hawk, die lange Kampfeinsätze an der Ostgrenze Indonesiens fliegen sollten.

Im Jahr 1994 erhielten beide Flugzeuge im Rahmen eines Wartungsprogramms zur Verlängerung der Lebensdauer aufgerüstete Cobham Mk 32-Betankungsbehälter. Malaysia betreibt derzeit vier KC-130H bei der in Subang stationierten 20 Sqn. Zwei von ihnen wurden 1997 umgerüstet und werden zur Unterstützung der Su-30MKM und der Hawk Mk208 eingesetzt. Aufgrund von Kürzungen im Verteidigungshaushalt ist die Anschaffung eines neuen Tankflugzeugs derzeit auf Eis gelegt.

Die Luftwaffe hat den ersten Satz von Luftbetankungsbehältern für ihre A400M-Tankflugzeuge in Empfang genommen. Die Behälter bestehen aus dem Cobham 908E Wing Dispense Equipment (WDE) und der 808E Hose Drum Unit (HDU).

Die A400M haben bereits Trainingsflüge mit der F/A-18D, Su-30MKM und Hawk 108/208 absolviert. Die RMAF verfügt auch über einige Cobham 754 Buddy-Betankungspods, die derzeit von der 11 Squadron für die Sukhoi Flanker eingesetzt werden. Das System wurde 2005 für die Su-30 qualifiziert, so dass die RMAF trotz der ungewöhnlichen Mischung aus Tankflugzeugen und Empfängern in der Lage ist, Langstreckeneinsätze mit ihrer Flotte durchzuführen.

Während ältere KC-130H noch immer die Luftbetankungsaufgaben in Malaysia wahrnehmen, stellt die neue A400M mit Betankungsoption den neuesten Stand der Technik dar und ist in der Lage, die verschiedenen Flugzeuge der Malaysia Air Force zu bedienen.

Tentera Udara Diraja Malaysia

20 Squadron *Luftwaffenstützpunkt Subang/Sultan Abdul Aziz Shah Kuala Lumpur*		**KC-130H**
22 Squadron *Luftwaffenstützpunkt Subang/Sultan Abdul Aziz Shah Kuala Lumpur*		**A-400M**

Alkowat al malakiyaal jawiya (Marokko)

Der Westsahara-Krieg von 1975 erforderte Angriffe auf Polisario-Ziele durch die F-5 der marokkanischen Luftwaffe. In dieser Zeit wurden 20 F-5E »Tiger II« und 4 F-5F angeschafft, die zwar fähige Angreifer waren, denen aber die Reichweite auf dem riesigen Schlachtfeld der Sahara-Wüste fehlte. Eine kommerzielle B-707-138B wurde schnell zu einem Tankflugzeug umgerüstet und mit zwei Beech-Schlauch- und Fangtrichter-Einheiten an den Flügelspitzen ausgestattet. Später im Jahr 1982 wurden auch zwei Lockheed KC-130H geliefert, um die marokkanischen Tiger II mit Luftbetankungsfähigkeiten auszustatten und so ihre Angriffsreichweite zu erhöhen. Auf der Seite der Kampfflugzeuge hatten die Mirage F-1 die Aufgabe, den Luftraum gegen mögliche algerische oder libysche Angriffe zu verteidigen, deren Regierungen zu Beginn des Konflikts die Polisario-Front unterstützten. 1977 begannen die marokkanischen Mirage-Piloten ihre Ausbildung in Orange, Frankreich, und arbeiteten mit der KC-135 der Armee de l'Air. Der Luftwaffenstützpunkt Kenitra, nicht weit von Rabat entfernt, ist der Flugplatz, auf dem die KC-130 der Escadre de Transport zugewiesen werden.

Die drei Typen von Flugzeugen der marokkanischen Luftwaffe werden während einer Flugschau in Marrakesch im Jahr 2014 vorgeführt: Mirage F-1, F-5 Tiger II und F-16. Das Kampfflugzeug von General Dynamics ist nicht für die Betankung durch die Hercules mit Tanksonde und Fangtrichter geeignet.

Alkowat al malakiyaal jawiya (Marokko)

Transport Eskadre *Luftwaffenstützpunkt Kenitra 3*		**KC-130H**

Koninklijke Luchtmacht (Niederlande)

Die Königlichen Luftstreitkräfte sind die jüngste Teilstreitkraft der Niederländischen Streitkräfte. Während des Kalten Krieges waren die Luftstreitkräfte der Niederlande in das Luftverteidigungssystem der NATO als Teil der Second Allied Tactical Air Force (2ATAF) eingebunden. Nach dem Ende des Kalten Krieges wurde die niederländischen Luftstreitkräfte modernisiert. Zum Einsatz kam sie während der Operation Allied Force, der Operation Enduring Freedom sowie dem NATO-Einsatz in Afghanistan.

Schon im Juni 1992 erwarb die Königliche Niederländische Luftwaffe zwei DC-10-Flugzeuge von der niederländischen Chartergesellschaft Martinair. Die beiden Großraumflugzeuge wurden als KDC-10 zu Mehrzweck-Tankflugzeugen/Transportern umgebaut und 1995 in Dienst gestellt. Die Modifikationen umfassten den Einbau eines Auslegersystems und externer Lichter, elektrischer und hydraulischer Systeme sowie einer Remote Air Refueling Operating Station (RARO), in der der Auslegerbediener den fliegenden Ausleger manövrieren sollte. Fokker Services rüstete das Cockpit und die Avionik von zwei Tankflugzeugen mit digitaler Cockpit-Avionik und Link 16-Satellitenkommunikation auf. Die Flugzeuge wurden der 334. Transportstaffel in Eindoven zugeteilt, die sowohl Transport- als auch Luftbetankungsaufgaben wahrnimmt. Während der 5.500 Betriebsstunden in den ersten drei Jahren waren die Flugzeuge zu 50 % in ihrer Tankerrolle im Einsatz. Die Flugzeuge wurden in großem Umfang bei NATO-Übungen und -Operationen sowie bei friedenserhaltenden und humanitären Hilfseinsätzen eingesetzt, die in den ersten drei Jahren 32 % der Flugstunden ausmachten. Die humanitären Einsätze umfassten Einsätze im Kosovo zur Evakuierung von Flüchtlingen, in der Karibik und in Mittelamerika zur Bereitstellung humanitärer Hilfe nach den Wirbelstürmen Luis, Georges und Mitch sowie verschiedene Einsätze in Afrika und Asien. Im Jahr 1998 wurden die Flugzeuge auch zur Evakuierung niederländischer Bürger aus Indonesien während des Sturzes von Suharto eingesetzt. Die Flexibilität des Flugzeugs ist eine seiner am meisten geschätzten Eigenschaften. Während der Kosovo-Krise beispielsweise versorgte die niederländische KDC-10 NATO-Flugzeuge über Südosteuropa mit Treibstoff. Nach der Landung zur eigenen Betankung in Skopje, Mazedonien, flog dasselbe Flugzeug Flüchtlinge aus dem Kosovo zurück in die Niederlande. Im Oktober 2002 wurde ein multinationales Geschwader von 18 niederländischen, dänischen und norwegischen F-16 sowie ein niederländischer KDC-10-Tanker auf die Manas Air Base in Kirgisistan verlegt. Im Februar 2006 wurden vier niederländische sowie vier norwegische F-16 im 1st Netherlands-Norwegian European Participating Forces Expeditionary Air Wing (1 NLD/NOR EEAW) zusammengefasst. Im gleichen Jahr beteiligten sich die niederländischen Luftstreitkräfte mit sechs F-16, sechs Eurocopter Cougar und sechs AH-64-Angriffshubschraubern an der NATO-Offensive in Süd-Afghanistan. Bei anderen Einsätzen wurde die niederländische KDC-10 von der Manas AFB aus zur Unterstützung der alliierten Streitkräfte während der Operation Enduring Freedom eingesetzt. Da die beiden Flugzeuge stark ausgelastet waren, wurde eine dritte DC-10 von Northwest Airlines gekauft und mit der Umrüstung auf ein neues Cockpit und eine neue Avionik begonnen. Das Flugzeug sollte nur in der Fracht-/Passagierrolle fliegen, ohne Installation eines Luftbetankungssystems. Damit sollte die Verfügbarkeit der KDC-10 in der reinen Tankerrolle erhöht werden, aber das Projekt wurde angesichts der geplanten Kürzungen im niederländischen Verteidigungsbereich auf Eis gelegt. Die KDC-10 nähern sich dem Ende ihrer Nutzungsdauer. Die Niederlande kauften gemeinsam mit Luxemburg zwei Airbus A330 MRTT. Die Flugzeuge sind Eigentum der NATO und werden in Eindhoven stationiert, um im Rahmen des EATC-Konsortiums gemeinsam genutzt zu werden. Luxemburg und die Niederlande haben das ausschließliche Nutzungsrecht. Neben dem Kauf umfasst das MRTT-Projekt auch die Wartung und den operativen Einsatz, wobei die Niederlande auch bei diesem multinationalen Kooperationsprojekt die Federführung haben.

Koninklijke Luchtmacht (Niederlande)

Multinationale MRTT-Einheit (MMU) *Luftwaffenstützpunkt Eindhoven*	334 SQN · VLB EINDHOVEN · SEMPER ET UBIQUE	**A330 MRTT**

Häufige NATO-Übungen ermöglichen es der niederländischen Besatzung, mit einer Vielzahl von Empfängern zu üben. Hier wird Treibstoff auf eine F-35 umgeladen. Die niederländische KDC-10 kann in zwei Konfigurationen eingesetzt werden: als reines Frachtflugzeug mit 65 Tonnen Nutzlast oder als Fracht-/Passagierflugzeug, das 165 Passagieren Platz bietet.

Mit der Schaffung der multinationalen MRTT-Flotte wurde der Luftwaffenstützpunkt Eindhoven zum wichtigen Drehkreuz für die Flotte. Die niederländische Luftwaffe ist für die Operationen der in Eindhoven stationierten Teilnehmerländer verantwortlich.

Luftforsvaret (Königliche Norwegische Luftwaffe)

Die königlichen norwegischen Luftstreitkräfte haben beschlossen, sich 2017 an einer europäischen multinationalen MRTT-Flotte (MMF) zu beteiligen und einen Vertrag über einen Airbus A330 MRTT zu unterzeichnen. Das Flugzeug soll von der Königlichen Niederländischen Luftwaffe verwaltet werden und in Eindhoven stationiert sein.

Luftforsvaret (Königliche Norwegische Luftwaffe)

Multinationale MRTT-Einheit (MMU) *Luftwaffenstützpunkt Eindhoven*		**A330 MRTT**

Fi'saia Pakistana (Pakistan)

Der Bedarf an Luftbetankung in Pakistan ergab sich aus der Notwendigkeit, einen Angriff auf hochwertige Ziele tief in Indien zu unterstützen und die pakistanische Marine mit Langstrecken-Seeangriffsfähigkeiten zu versorgen, sowie aus der Notwendigkeit, die Ausdauer von Luftverteidigungseinsätzen nach der Anschaffung von Frühwarnflugzeugen zu erhöhen und schließlich Flugzeugen zu ermöglichen, mit zusätzlicher Nutzlast zu starten und in der Luft aufzutanken.

Die verschiedenen Flugzeugtypen der pakistanischen Luftwaffe (PAF) benötigen sowohl ein Schlauch- als auch ein Zapfventilsystem, aber auch einen starren Ausleger für ihre F-16A/B und die F-16C/D Block 52. Als die PAF mit der Suche nach einem Lufttankflugzeug begann, hoffte sie ursprünglich, den Airbus A310 Multi-Role Tanker Transport (MRTT) für ihre Flotte beschaffen zu können.

Der A310 MRTT wurde Anfang der 2000er-Jahre für die deutschen und kanadischen Streitkräfte eingeführt, aber zur gleichen Zeit bot Airbus ausschließlich den A330 MRTT an. Der Preisunterschied war für die pakistanischen Streitkräfte zu groß. Während sie ältere A310-Flugzeuge kaufen und in eine MRTT-Konfiguration umrüsten konnten, wurde der A330 MRTT nur als neu gebaute Lösung angeboten. Die Kosten waren nicht tragbar, und so musste die PAF die Idee aufgeben, die F-16 aufzutanken. Es wurde eine Vereinbarung mit JSC Rosoboronexport und dem 360th Aircraft Repair Plant über die Überholung von vier Iljuschin Il-78-Tankflugzeugen aus ukrainischen Überschussbeständen unterzeichnet. In der Zwischenzeit hat der pakistanische Luftfahrtkomplex die Mirage-III Rose-I der PAF mit Betankungssätzen südafrikanischer Herkunft aufgerüstet. Die neuen Kampfjets JF-17 Thunder und Fc-20 sind ebenfalls geeignet, da sie sowohl mit festen als auch mit einziehbaren Betankungssonden ausgestattet sind. Zurzeit fehlt noch eine Lösung für die Betankung der F-16.

Fi'saia Pakistana (Pakistan)

35 (Composite Air Transport) Wing 10 MRTT Squadron *KNur Khan Luftwaffenstützpunkt Islamabad*		**IL-78**

Die pakistanischen IL-78 sind mit abnehmbaren Treibstofftanks und UPAZ-Betankungskapseln ausgestattet. Die IL-78 verfügt über ein Schlauchbetankungssystem mit einer Kapazität von 85.720 kg Treibstoff.

Fuerza Aerea del Peru

Die peruanische Luftwaffe beschloss, zwei Tankflugzeuge anzuschaffen, und startete einen Wettbewerb zwischen dem Airbus A400M und dem Lockheed KC-130J. Im Jahr 2021 wurde eine kostengünstigere Lösung in Form von zwei KC-130H der spanischen Luftwaffe gefunden.

Am 15. Februar 2021 begrüßte die peruanische Luftwaffe im Rahmen einer Zeremonie in Anwesenheit des peruanischen Präsidenten Francisco Sagasti die Ankunft ihres ersten Tankflugzeugs in Form einer KC-130, die zuvor bei der spanischen Luftwaffe stationiert war.

Fuerza Aerea del Peru

Fluggesellschaft Grupo Aéreo de Transporte N°8 *Luftwaffenstützpunkt Lima-Callao*		**KC-130H**

Força Aerea Portuguesa (Portugal)

Der Modernisierungsbedarf der portugiesischen Transportflotte führte zum Kauf von fünf Embraer KC-390 mit Luftbetankungsmöglichkeit. Die Flugzeuge wurden mit NATO-Standardausrüstung ausgestattet und erhielten die Zulassung der portugiesischen Luftfahrtbehörde (AAN). Die KC-390 sind für die Luftbetankung und den Transport von Fracht und Truppen sowie für zivile Einsätze, Such- und Rettungseinsätze, medizinische Evakuierungen und die Bekämpfung von Waldbränden sowie für humanitäre Einsätze vorgesehen.

Força Aerea Portuguesa (Portugal)

Esquadra 506 *Luftwaffenstützpunkt Beja*		**KC-390**

Voenno-vozdušnye sily Rossijskoj Federacii (Russland)

Das Aufkommen von Atomwaffen zwang die Regierungen in aller Welt, insbesondere die der Sowjetunion und der Vereinigten Staaten, nach Möglichkeiten zu suchen, den Radius ihrer strategischen Bomber zu vergrößern, um feindliche Ziele erreichen zu können. Die Erforschung von Methoden zur Luftbetankung erhielt hohe Priorität, und in den späten 40er- und frühen 50er-Jahren experimentierte auch die Sowjetunion mit der Luftbetankung. Tupolev TU-4-Bomber waren die ersten Tankflugzeuge, gefolgt von der erfolgreichen Tupolev TU-16. Obwohl eine beträchtliche Anzahl von ihnen als Tankflugzeuge ausgerüstet wurde, waren die Sowjets nie so begeistert von der Luftbetankung wie die US-Luftwaffe und zogen es vor, kleinere Flugzeuge in der Nähe ihrer Basen einzusetzen. In der Sowjetunion wurden zwei Systeme von Schlauch- und Fangtrichter-Systemen entwickelt, bei denen der fliegende Ausleger nie in Betracht gezogen wurde, auch in Anbetracht der hervorragenden Leistung ihrer flexiblen Verbindung. Mitte der 50er-Jahre wurde das System für Bomber angepasst, insbesondere für die strategischen Bomber M-4 und TU-95. Zu diesem Zeitpunkt wurde die TU-16 als Standardtankflugzeug eingesetzt. Mit der Einführung des neuen taktischen Bombers Su-24 im Jahr 1975 begann Zvezda mit der Entwicklung eines neuen, schwebenden Betankungssystems für dieses Flugzeug, da es über keinen Bombenschacht verfügte. In den 70er-Jahren wurde ein neues Tankflugzeug entwickelt, die Il-78M, ein sehr leistungsfähiges Tankflugzeug, das aus dem Transportflugzeug Il-76 entwickelt wurde. Es ist der einzige Typ, der vom speziellen 203. Orlovski-Regiment für Lufttankflugzeuge eingesetzt wird, das auf dem Luftwaffenstützpunkt Dyagilevo stationiert ist, wo etwa 15 Il-78 und Il-78M im Einsatz sind. Das einzige Unternehmen in Russland, das sich derzeit mit Luftbetankungssystemen befasst, ist Zvezda, das sowohl die auf Tankflugzeugen und Behäl-

Zwei Derivate der Basisplattform Il-76, eine russische Frühwarnanlage Beriev A-50, ist mit einem Il-78M-Tankflugzeug verbunden.

Voenno-vozdušnye sily Rossijskoj Federacii (Russland)

203. Garde Orlovsky Unabhängiges Flugzeugbetankungs-Regiment *Luftwaffenstützpunkt Rjasan/Dyagilevo*		**IL-78**

tern montierten Unified Aerial Refueling Pods (UPAZ), die auf den Sonden von Empfängern und Schlauchsystemen montierten Düsensysteme (GPT) als auch Buddy-Buddy-Hängebetankungseinheiten für Tankflugzeuge herstellt. Derzeit wird die PAZ-MK-Betankungseinheit für Buddy-Buddy-Einsätze entwickelt. Sie ist für das schiffsgestützte Tankflugzeug MiG-29K/KUB konzipiert und hat eine Treibstoffübertragungsrate von bis zu 750 l/min. Eine Besonderheit der neuen Betankungseinheit ist, dass der Treibstoff direkt durch das Treibstoffsystem des Tankflugzeugs über einen Schlauch vom Typ УПАЗ-1 übertragen wird. Im Jahr 2018 flog die neue Il-76M-90A, eine aufgerüstete Version, die sich von der IL-78 dadurch unterscheidet, dass sie über zwei zusätzliche Tanks für 50 Tonnen zusätzlichen Kraftstoff verfügt, die sich im Frachtraum befinden. Damit erhöht sich die Gesamtkraftstoffkapazität auf 126 Tonnen (277.200 Pfund). Aviastar baut das Flugzeug zusammen und rechnet mit Aufträgen für bis zu 30 Stück. In der Zwischenzeit werden die älteren Il-78, die noch im Dienst sind, aufgerüstet und ihre Lebensdauer verlängert.

Piloten der Marinefliegerabteilung und der Ostsee- und Schwarzmeerflotte, die Sukhoi Su-30SM »Flanker« und Su-24 »Fencer« Kampfflugzeuge fliegen, führen ein Luftbetankungstraining von Iljuschin Il-78-Tankflugzeugen aus durch. Die Marinefliegerabteilung ist nicht mit Tankflugzeugen ausgestattet, da die Su-30SM eine große Reichweite (ca. 3.000 km) hat und Flugzeugträger zur Verfügung stehen, um die Flugzeuge in die Nähe des Einsatzgebiets zu bringen. Das Luftbetankungstraining ist jedoch wichtig im Hinblick auf die Fähigkeit, längere Einsätze durchzuführen.

Der Anblick einer TU-95MS, die sich mit einer Il-78M zur Betankung formiert, ist immer wieder beeindruckend.

Der größte Bomber der Welt, der Überschallbomber TU-160 White Swan, wird von einer IL-78 aufgetankt und ist damit ein hervorragendes Instrument zum Abschuss von Marschflugkörpern.

Die Buddy-Buddy-Luftbetankung der russischen Luftwaffe wird durch eine MiG-29 im Anflug auf eine MiG-29K dargestellt.

Al-Quwwat al Jawwiyyah al Malakiyyah as Sudiyyah (Saudi-Arabien)

Die Königlichen Luftstreitkräfte Saudi-Arabiens wurden Mitte der 1920er Jahre mit britischer Hilfe aufgestellt. In den 1950er Jahren wurde sie reorganisiert und ab 1952 erhielt sie Unterstützung der United States Air Force, die bereits ab damals den Militärflugplatz in Dhahran mitbenutzte.

Noch in den 1980er- und 1990er-Jahren war die Größe der saudischen Streitkräfte im Vergleich zu anderen Staaten im Nahen und Mittleren Osten bescheiden, gleichwohl stützte sie sich bereits damals auf die damals modernsten Luftfahrzeugtypen wie Tornado IDS und F-15C Eagle. Der größte Kampfeinsatz der RSAF überhaupt fiel in diese Zeit, die Teilnahme am Zweiten Golfkrieg im Frühjahr 1991.

In den vergangenen Jahrzehnten wurde die RSAF kontinuierlich modernisiert und auch vergrößert. Vor einigen Jahren bestellte das Wüsten-Königreich als erster außereuropäischer Kunde den Eurofighter Typhoon als Mehrzweckkampfflugzeug beim Vereinigten Königreich, zuletzt erhielten die USA Ende 2011 eine Mammutbestellung über weitere F-15SA sowie diverse Helikopter (letztere werden teilweise auch von den Landstreitkräften betrieben).

Als die königlich-saudische Luftwaffe die F-15-Kampfflugzeuge und die E-3-Überwachungsflugzeuge erwarb, wurde der Bedarf an Luftbetankung zunächst mit der Absicht gedeckt, sechs KC-135-Tankflugzeuge zu kaufen. Ihre Lieferung wurde jedoch vom amerikanischen Kongress abgelehnt, der eine Möglichkeit sah, Israel mit diesen Möglichkeiten der Reichweitenverlängerung zu bedrohen.

Im Rahmen des Peace-Sentinel-Programms 1981 ermöglichte eine neue Entscheidung der amerikanischen Regierung den Kauf von fünf E-3 AWACS und sechs KE-3A-Tankflugzeugen, die später auf acht erhöht wurden. Die RSAF wurde zum einzigen Nutzer der KE-3A, einer Modifikation der Grundkonstruktion der B-707 300, die die Bezeichnung KE-3A erhielt, da sie von dem von der RSAF bestellten E-3 AWACS-Flugzeug und nicht von einer kommerziellen B-707 abgeleitet war. Nach dem Jahr 2000 wurde eine Verbesserung der Streitkräfte beschlossen, mit einem Wettbewerb zwischen der McDonnell Douglas KMD-11, einer modifizierten Version der KDC-10, dem B-767 Tanker/Transporter und einem Tanker/Frachter-Umbau der Lockheed L-1011 TriStar und dem A330 MRTT.

2008 schloss die RSAF eine Vereinbarung über den Kauf von drei A330 MRTT ab, die sowohl mit einem Aerial Refueling Boom System (ARBS) als auch mit zwei Cobham 905E Unterflügel-Betankungseinheiten ausgestattet sind. Die sechs A330 MRTT sollen die bestehende Flotte von acht KE-3A der RSAF ergänzen und schließlich ersetzen, wobei einige KE-3A bereits zu RC-3A-Plattformen für die elektronische Kampfführung umgebaut wurden. Alle Tankflugzeuge sind dem 6. Geschwader auf dem Luftwaffenstützpunkt Al Kharj Prince Sultan zugewiesen, wo eine Staffel auch mit einer Reihe von KC-130H ausgestattet ist.

Al-Quwwat al Jawwiyyah al Malakiyyah as Sudiyyah (Saudi-Arabien)

Einheit	Abzeichen	Typ
6 Flügel 23 Geschwader *Luftwaffenstützpunkt Al Kharj Prinz Sultan*		**KE-3A**
6 Flügel 24 Geschwader *Luftwaffenstützpunkt Al Kharj Prinz Sultan*		**A330 MRTT**
6 Flügel 32 Geschwader *Luftwaffenstützpunkt Al Kharj Prinz Sultan*		**KC-130H**

Bis August 2013 wurden drei A330 MRTT an die RSAF ausgeliefert, wobei der erste Einsatz am 25. Februar 2013 verzeichnet wurde. Die Flugzeuge sind mit einem in der Mittelachse montierten ARBS (Advanced Air Refueling Boom System) für den Einsatz mit der F-15 und einem Paar Schlauch- und Düsenbetankungskapseln unter den Flügeln für den Einsatz mit dem Eurofighter Typhoon ausgestattet.

Die einzigartigen KE-3A sind mit CFM-56-Turbofans ausgestattet, um die Gemeinsamkeiten mit den E-3A der RSAF zu wahren. Die Flugzeuge wurden in der Koalition gegen den so genannten Islamischen Staat eingesetzt.

Svenska Flygvapnet (Schweden)

Einer der sieben Tp 84 Hercules C-130H-Transporter der schwedischen Verteidigungsstreitkräfte ist mit Tanks ausgestattet und damit das einzige Lufttankflugzeug der Flotte. Seine Rolle ist angesichts der kurzen Reichweite der Saab Gripen C/D und der wenigen verfügbaren Flugplätze in einem sehr großen Land sehr wichtig.

Das Flugzeug wurde 1969 beschafft und ständig flugfähig gehalten. Seine Bedeutung wurde während der Operation Unified Protector in Libyen 2011 unter Beweis gestellt, dem ersten Kampfeinsatz der schwedischen Luftwaffe seit dem Engagement im Kongo in den 60er-Jahren. Sechs Gripen wurden auf dem Luftwaffenstützpunkt Sigonella in Sizilien eingesetzt, und obwohl sie keine Bomben abwarfen, spielten sie eine Rolle bei der Zieldefinition und benötigten angesichts ihrer Reichweite die Betankungsdienste von 842, dem einzigen Tankflugzeug der schwedischen Luftwaffe. Leider wurde seine alleinige Verfügbarkeit zu einem Problem, als ein Triebwerk des Tankflugzeugs nach einem Vogelschlag ausgetauscht werden musste, so dass die Gripens auf die Unterstützung durch andere Tankflugzeuge der Koalition angewiesen waren. Derzeit gibt es keinen geplanten Ersatz für die schwedischen Tp 84 Hercules, die auf den neuesten Stand gebracht werden.

Die einzigartige schwedische TP84 Hercules ist mit zwei Saab 39 Gripen der schwedischen Luftwaffe besetzt. Das Flugzeug ist mit Standard-Pods mit Schlauch und Drogentankanlage ausgestattet.

Svenska Flygvapnet (Schweden)

F7 Skaraborgs Flygflottilj 71 Luftbrücke sq *Luftwaffenstützpunkt Satenas*		**Tp-84 Herkules**

Luftwaffe der Republik Singapur

Selbst ein kleiner Staat wie Singapur hat einen Bedarf an Luftbetankung entwickelt. Um eine wirksame Luftverteidigung des Landes zu gewährleisten, müssen die Kampfflugzeuge weit von den Staatsgrenzen entfernt kreisen, so dass bei Einsätzen, die fast immer über Wasser stattfinden, die Unterstützung durch Tankflugzeuge erforderlich ist. Die Kontrolle der strategisch wichtigen Straße von Malakka, wo ein großer Schiffsverkehr zusammenläuft, macht auch lange Erkundungsflüge der Flugzeuge der Luftwaffe Singapurs erforderlich. Singapur ist auch Mitglied der ASEAN (Association of Southeast Asian Nations), wo die gegenseitigen Hilfsoperationen ebenfalls Unterstützung im Bereich der langen Missionen erfordern.

So erhielt eine Flotte von KC-130B und KC-130H die Innenausstattung, um als Tankflugzeuge zu fungieren, und rüstete die 122nd Squadron in Paya Lebar für die vorgesehene Betankung der F-5-Jäger aus.

Ab 1988, als die F-16 C und D und später die F-15 angeschafft wurden, die alle nur über einen starren Ausleger betankt werden konnten, wurde ein neues Tankflugzeug benötigt, da die neuen Kampfflugzeuge nur mit Unterstützung der USAF für die Luftbetankung eingesetzt werden konnten. Die RSAF begann mit der Suche nach einem neuen Tankflugzeug und erhielt Angebote von Airbus für den A310 MRTT, von Boeing für den KC-767 und von MCDonnell Douglas für den KC-10. Alle diese

Die KC-135 der singapurischen Luftwaffe waren mit zwei Unterflügel-MPRS ausgestattet, die eine Betankung über Sonde und Fallschirm ermöglichten. Diese Fähigkeit wurde erstmals bei einem Besuch von RAF Eurofighter Typhoons genutzt.

Luftwaffe der Republik Singapur

112er-Staffel *Luftwaffenstützpunkt Singapur Changi*		**A330 MRTT**
122 Geschwader Paya Lebar		**KC-130B** **KC-130H**

Vorschläge wurden abgelehnt, da man nicht bereit war, Verkehrsflugzeuge umzubauen, sondern eher zu diesem Zweck gebaute Tankflugzeuge, die auch für Lufttransportaufgaben geeignet waren. Schließlich entschied man sich für den Kauf von 4 KC-135A, die bei Davis Monthan gelagert und mit dem neuesten Pacer-CRAG-Cockpit-Update zu KC-135R umgebaut wurden. Die Flugzeuge wurden im Jahr 2000 ausgeliefert und sind der 112nd Squadron in Changi-West zugeteilt.

Seit 2003 hat die RSAF auch KC-135-Tankflugzeuge und C-130-Flugzeuge zur Unterstützung der multinationalen Bemühungen um den Wiederaufbau des Irak in den Persischen Golf entsandt. Das Personal der RSAF hat Lufttransport-, Transport- und Versorgungsaufgaben sowie Luftbetankungsmissionen zur Unterstützung der multinationalen Streitkräfte durchgeführt. Außerdem sind sie seit 2015 auf dem Luftwaffenstützpunkt Al Udeid in Katar stationiert und haben an der Operation Inherent Resolve teilgenommen, indem sie Mosul, Iran, und Raqqah, Syrien, überflogen.

Ein offizielles Programm zum Ersatz der KC-135R begann 2011, und Singapur gab im März 2014 die Bestellung von sechs A330 MRTT bekannt. 2021 wurde die volle Einsatzfähigkeit erreicht. 2022 waren die MRTT zur Unterstützung der Evakuierung in Afghanistan im Einsatz, wobei sie ihre Fähigkeit zum Transport großer Gruppen unter Beweis stellten. Die KC-135R wurden in der Zwischenzeit außer Dienst gestellt.

Ein A-330MRTT von Singapur bei einem Testflug in Getafe. Die erste Auslieferung des A330 MRTT wurde im Jahr 2019 verzeichnet.

Ejército del Aire (Spanien)

Die ersten Luftbetankungen im Ejercito del Aire (EA) wurden 1972 durchgeführt, als die USAF gemäß einem zwischen Spanien und den Vereinigten Staaten unterzeichneten Abkommen drei KC-97L Stratotanker an die EA übergab, die mit Flugzeugen eingesetzt werden sollten, die für die Betankung mit Auslegern geeignet waren. Zu dieser Zeit waren die Empfänger die F-4C Phantom. Die Flugzeuge wurden der Escuadron 123 der Ala 12 in Torrejon zugewiesen, aber kurz nach ihrer Indienststellung zwangen Probleme mit den Hilfsturbinen die EA, sich nur auf die vier Sterntriebwerke zu verlassen, so dass die gleichen Schwierigkeiten bei der Geschwindigkeitsanpassung zwischen einem schnellen Jet und einem langsamen Tanker auftraten, wie sie bereits in den USA bekannt waren. Ende 1976 wurden die KC-97L ausgemustert. Die nächsten Tankflugzeuge waren drei C-130H Hercules, die mit internen Zusatztanks und zwei Unterflügelpylonen mit Schlauchtrommel und Fallschirm ausgerüstet waren. Sie wurden der Ala 35 zugeteilt und waren für die Betankung der Mirage F-1 zuständig. 1988 traten drei B-707-Flugzeuge in die EA ein: Zwei hatten zuvor bei TWA und das dritte bei Saudia gedient. Sie wurden der Grupo 45 für den strategischen Transport von Persönlichkeiten und Truppen zugeteilt und erhielten später mit dem Einbau von zwei Flügelspitzen auch

Drei KC-97L wurden 1972 von der USAF übernommen, wobei die amerikanischen Markierungen auf der Metallhaut noch sichtbar sind.

Ejército del Aire (Spanien)

Ala 31 312 Escuadron *Luftwaffenstützpunkt Zaragoza*		**A330 MRTT** **A400M**

die Fähigkeit zur Luftbetankung. Später wurden sie zur Grupo Mixto 47 in Torrejon verlegt und dienten als Tankflugzeuge für die Mirage F-1, die F/A-18 und in jüngster Zeit für den Eurofighter. Die Verfügbarkeit der B-707 mit großer Reichweite ermöglichte EA die Teilnahme an wichtigen NATO-Übungen wie Cope Thunder, Red Flag, Green Flag, Anatolian Eagle, Southern Cross, Imperial Hammer und Unified Vision. Die B-707 wurden auch in Konflikten eingesetzt und unterstützten die NATO-Operationen während der Krise am Persischen Golf, der Operation Unprofor im ehemaligen Jugoslawien, der ISAF in Afghanistan und Unified Protector in Libyen. Die Mirage F-1 musste auch im Irak betankt werden. Die letzte B-707 wurde 2016 ausgemustert, so dass die einzige KC-130H der Ala 31 für die Luftbetankung zuständig ist. Derzeit betreibt Spanien elf A400M, von denen fünf AAR-fähig sind und mit sieben POD-Sätzen und einer HDU (Hose Drum Unit) ausgerüstet werden können. Die spanische A400M-Flotte hat bis Anfang 2023 mehr als 4.700 Flugstunden absolviert, wovon 6 % auf AAR-Trainingseinsätze entfallen. Das Ejercito del Aire hat außerdem drei A330 erworben, die im Jahr 2025 im Airbus-Werk Getafe auf MRTT-Spezifikationen umgerüstet werden.

F/A-18 der Ala 15 im Kontakt mit der KC-130H der Ala 31. Die Tankflugzeuge Hercules des Ejercito del Aire, liebevoll »Dumbos« genannt, erhielten ursprünglich die schöne Standardtarnung der taktischen Flugzeuge Spaniens. Im letzten Jahrzehnt wechselten sie zu dem jetzt üblichen Grau.

In der spanischen Luftwaffe erhielt die B-707 die Bezeichnung T17, die Flotte leistete 35.800 Flugstunden, transportierte mehr als 200.000 Passagiere und führte über 1.000 Luftbetankungseinsätze durch.

Ejercito del Aire verfügt über drei ehemalige Iberia A-330, die zu MRTT mit Luftbetankungsfähigkeiten umgerüstet werden sollen.

Der für die Luftbetankung ausgerüstete A400M ist eines der nächsten Tankflugzeuge des Ejercito del Aire, das 2018 in Dienst gestellt wird. Der schwere Airbus eignet sich jedoch nicht für die Betankung von Hubschraubern, da die Drehflügler in der Nähe seines T-Leitwerks liegen. Daher wird für diesen Einsatz der Einsatz einiger C-295 in Betracht gezogen, die zu Tankflugzeugen umgebaut wurden.

Suid-Afrikaanse Lugmag (Südafrika)

Die 60. Staffel der südafrikanischen Luftwaffe wurde 1982 mit drei zusätzlichen Boeing 707 ausgestattet, die das Ergebnis eines zehnjährigen Projekts waren, das die SAAF mit einer speziellen Luftbetankungsfähigkeit ausstatten sollte. Mit dem Erwerb von zwei weiteren B-707 in den Jahren 1990 bzw. 1992 wuchs die Flotte auf fünf Flugzeuge an. Hauptaufgabe der B-707 wurde die Betankung der Mirage und Atlas Cheetah der SAAF, um die gesamte Fläche Südafrikas in einem einzigen Flug abdecken zu können. Mit der Verringerung der potenziellen Bedrohung Südafrikas wurden die Aufgaben der 60. Staffel sowohl auf den Transport als auch auf humanitäre Aufgaben ausgedehnt. So wurden einige B-707 für den Transport von Truppen bei friedensunterstützenden Missionen in Afrika oder für Patrouillenflüge über Südafrikas Meeresressourcen bis in die Antarktis umgerüstet. Mit dem letzten einsatzfähigen B-707-Flug am 10. Juli 2007 nach Bujumbura, Kinshasa und Kindu wurde der Betrieb eingestellt. Damit hatten die Kampfflugzeuge keine Luftbetankungsmöglichkeit mehr. Südafrika war der einzige afrikanische Staat südlich der Sahara, der über dieses strategische Gut verfügte. Die SAAF erwarb das Gripen-Kampfflugzeug mit der Absicht, es bei Auslandseinsätzen einzusetzen, doch ohne Luftbetankung kann der Gripen nur vom Stützpunkt Louis Trichardt zur Grenze und zurück fliegen. Budgetkürzungen waren der Grund für die Auflösung der B-707, wobei die Luftwaffe beabsichtigte, den aufkommenden Airbus A400M als Tankflugzeug einzusetzen. Diese Idee wurde von den Gripen-Piloten angesichts der Betankungsgeschwindigkeit, die nahe an der Mindestgeschwindigkeit des Empfängers liegt, nicht befürwortet. Das Geschäft wurde 2009 abgebrochen. Der Gripen wurde zunächst ohne Luftbetankungsfähigkeit realisiert. Der SAAF-Deal war eine der Triebfedern für seine Realisierung. Nun steht die Luftwaffe ohne Tankflugzeug da. Airbus hat vor kurzem die Verkaufsbemühungen für seinen A330 MRTT oder die viel billigeren C-295-Tankflugzeuge wieder aufgenommen.

Die B-707-Tankflugzeuge der südafrikanischen Luftwaffe waren zuvor von Air France und der südafrikanischen Frachtfluggesellschaft Safair betriebene Flugzeuge. Sie wurden von der israelischen Luftfahrtindustrie umgebaut. Einige von ihnen wurden für die elektronische Kriegsführung eingesetzt, wie die Seitenverkleidungen zeigen, die bei einem anderen Umbau durch die israelische Luftfahrtindustrie erworben wurden. Der Empfänger auf dem Bild ist eine Atlas Cheetah.

Daehan Minguk Gonggun (Südkorea)

Die Luftwaffe der Republik Korea (ROKAF) entschied sich 2015 für den A330 200 MRTT, nachdem sie sich im Wettbewerb gegen die Boeing KC-46A und die Boeing KC-767 MRTT-Umrüstung von Israel Aircraft Industries durchgesetzt hatte. Die Auslieferungen begannen im Jahr 2019. Die Flugzeuge werden auch wegen ihrer Transportfähigkeit benötigt, die auf der koreanischen Halbinsel nicht so wichtig ist, aber für eventuelle internationale Operationen benötigt werden. Der Gesamtauftrag umfasst vier Tankflugzeuge/Transporter.

Daehan Minguk Gonggun (Südkorea)

5 Taktisches Lufttransportgeschwader 261 Lufttankergeschwader *Luftwaffenstützpunkt Gimhae*		**KC-330 Zygnus**

Die A-330 MRTT der südkoreanischen Luftwaffe haben den Namen KC-330 Cygnus erhalten.

Turk Hava Kuvvetleri (Türkei)

Während des Kalten Krieges benötigte die Türkei keine Luftbetankungseinheiten, die Verteidigung des eigenen Luftraums war die wichtigste Aufgabe. Mit dem Zusammenbruch der Sowjetunion entstand eine neue Dynamik, die einige lokale Konflikte hervorbrachte. Da die Türkei Teil der NATO ist, wurde sie gebeten, sich an verschiedenen friedenserhaltenden Operationen zu beteiligen und auch in einigen regionalen Kriegsgebieten mitzuwirken. Bei der Operation Allied Force in Jugoslawien im Jahr 1999 und der Operation Provide Comfort, die die vor dem Golfkrieg in Richtung Nordirak fliehenden Kurden unterstützen sollte, wurden die F-4E und RF-4E sowie die F-16 der türkischen Luftwaffe eingesetzt.

Die damit verbundenen Entfernungen erforderten zum ersten Mal den Einsatz von Luftbetankung, die zunächst von Tankflugzeugen der Koalition bereitgestellt wurde. Die Unterstützung der Flugverbotszone im Irak im Jahr 1991 war eine weitere Operation, die ohne Luftbetankung nicht möglich war, so dass sich die Luftwaffe dafür entschied, von NATO-Tankflugzeugen unabhängig zu werden. Ursprünglich wurde der Einsatz von in Israel umgerüsteten B-707 in Erwägung gezogen, aber die türkischen Flugzeuge brauchten eine Auslegerbetankung. Die USA erlaubten den Export dieser Technologie nicht, so dass die KC-10 oder KC-135 angefordert wurden.

Aus Kostengründen wurde der Antrag auf 10 KC-135A geändert, die zu dieser Zeit im AMARC in Davis Monthan gelagert waren. Zwei KC-135R wurden für die ersten Einsätze an die Filo 101 vermietet, wobei die türkische Besatzung und das Wartungspersonal zur Schulung und Einarbeitung in die USA geschickt wurden. Schließlich wurden zwischen 1997 und 1998 sieben KC-135 ausgeliefert, nachdem sie zu KC-135R umgerüstet worden waren. Ale wurden der Filo 101 in Incirlik zugewiesen. Die Tankflugzeuge erhielten später das Pacer CRAG (Compass, Radar und GPS) Upgrade. Ab dem Jahr 2000 erfolgte eine weitere Aufrüstung der Avionik, bestehend aus einem erweiterten Kollisionsvermeidungssystem (Extended Traffic Collision Avoidance System), einem erweiterten Standortvorhersagesystem (Enhanced Location Prediction System), einem GPS-Navigationsgerät, einem Multifunktionsdisplay, einem FMS-800-Flugsteuerungssystem, einem Cockpit-Voice-Recorder (CVR) und einem Flugdatenschreiber. Das Tankflugzeug KC-135R nahm 1997, 2000, 2007 und 2008 an der Red Flag-Übung der US Air Force auf dem Luftwaffenstützpunkt Nellis teil. Darüber hinaus waren sie aktiv an der Übung Anatolian Kartalı beteiligt, die jedes Jahr in regelmäßigen Abständen stattfand, sowie an Operationen im Nordirak im Rahmen der Terrorismusbekämpfung. Alle F-16- und F-4E-Piloten, die in der türkischen Luftwaffe tätig sind, werden Tag und Nacht geschult, um in der Luft bei allen Wetterbedingungen auftanken zu können.

Die Flugzeuge waren häufig im Einsatz, unter anderem gegen regionale Terrorgruppen, bei der ISAF (International Security Assistance Force) in Afghanistan und im libyschen Bürgerkrieg. Umstrittener ist der Einsatz von zwei oder vier KC-135R der Filo 101 während des Putsches am 16. Juli 2016. Die Tankflugzeuge betankten die F-16 der Rebellen, die über der Region Ankara flogen. Mindestens eine Asena 02 wurde von loyalen F-16 abgefangen.

Die türkische Luftwaffe war ein wichtiger Teilnehmer an multinationalen Koalitionsoperationen auf dem Balkan, in Afghanistan und im Nahen Osten und hat dabei umfangreiche Einsatzerfahrungen gesammelt. Für künftige Einsätze mit Tankflugzeugen hat Türk Hava Kuvvetleri begonnen, die beiden aktuellen modernen Tankflugzeuge, den Airbus A330 MRTT und die Boeing KC-46, zu bewerten. In der Zwischenzeit hat Field Aerospace eine Umrüstung der sieben KC-135R abgeschlossen, bei der das alte Autopilotsystem, der Flugleiter, die analogen Triebwerksanzeigen und der Funkhöhenmesser entfernt und durch ein duales Autopilot- und Flugleitersystem, einen neuen Funkhöhenmesser und eine neue Triebwerksanzeige ersetzt wurden.

Turk Hava Kuvvetleri (Türkei)

101 Filo 10nci TÜK *Luftwaffenstützpunkt Incirlik*	**KC-135R**

Fast 250 F16 C und D wurden an die türkischen Luftstreitkräfte ausgeliefert, die bis auf sieben alle von TAI (Turkish Aerospace Industries) zusammengebaut wurden. Zusammen mit den verbleibenden F-4E sind sie die aktivsten Empfänger für die Flotte von KC-135.

Die KC-135A wurden zunächst ausgewählt, um die Pläne der USAF zu nutzen, die die Lieferung von aus dem aktiven Dienst genommenen Flugzeugen an NATO-Länder ermöglichen. Später wurde beschlossen, die Flugzeuge vor der Auslieferung an die Türkei auf die Stufe KC-135R umzurüsten.

Ungarn

Im November 2020 unterzeichnete die ungarische Regierung einen Vertrag mit Embraer über den Erwerb von zwei KC-390-Flugzeugen, um die Fähigkeiten der ungarischen Luftstreitkräfte zu stärken. Mit der ersten Lieferung im Jahr 2023 sollen beide Tankflugzeuge bis 2024 einsatzbereit sein. Die KC-390 für die ungarischen Luftstreitkräfte wird das erste Flugzeug der Welt sein, das mit einer Intensivstation, die für die Durchführung humanitärer Einsätze unerlässlich ist, ausgestattet sein wird.

Magyar Légierő (Ungarische Luftwaffe)

MH 59. Flugplatz »Szentgyörgyi Deszö» Kekskemet Szallitó Repülöszázad		**KC-390**

Die KC-390 ist mit einem Sonden- und Abwurfsystem ausgestattet, mit dem die ungarischen JAS 39 Gripen-Kampfflugzeuge betankt werden können.

Al Quwwāt al Jawiyya al Imārātiyya (Vereinigte Arabische Emirate)

Die Luftstreitkräfte der Vereinigten Arabischen Emirate gehören seit 2007 zu den Luftstreitkräften, die für die Luftbetankung ausgerüstet sind. Damals unterzeichneten sie eine Absichtserklärung mit Airbus über den Kauf von drei A330 MRTT. Der Vertrag wurde 2008 unterzeichnet und das erste Tankflugzeug wurde am 6. Februar 2013 ausgeliefert. Im August 2013 wurden die beiden anderen in Dienst gestellt. Die Flugzeuge der VAE sind sowohl mit einem fortschrittlichen Ausleger (ARBS) als auch mit zwei Cobham 905E-Unterflügelbetankungseinheiten ausgestattet. Die ARBS-Einheiten, die in diesen Tankflugzeugen installiert sind, verfügen über ein für die VAE entwickeltes sekundäres Auslegerhebesystem, mit dem der Ausleger auch bei einem Ausfall des primären Auslegereinziehsystems eingezogen werden kann. Die Flugzeuge haben eine sekundäre Transportmöglichkeit. Die neuen Tankflugzeuge haben ihren ersten Kampfeinsatz im Rahmen der internationalen Kampagne gegen die Kämpfer des Islamischen Staates im Irak und in Syrien erhalten.

Al-Quwwāt al-Jawiyah wa al-Defa' al-Jawiy al-Imārāty (Vereinigte Arabische Emirate)

MRTT-Staffel *Luftwaffenstützpunkt Al Ain*		**A330 MRTT**

Die Tankflugzeuge der Vereinigten Arabischen Emirate sind mit Schlauch- und Düsenbetankungskapseln unter den Flügeln ausgestattet, um mit der Mirage 2000 arbeiten zu können, sowie mit einem fortschrittlichen Betankungsauslegersystem, um mit anderen MRTTs und den F-16E/Fs Desert Falcons der VAE-Luftwaffe arbeiten zu können.

Royal Air Force (Vereinigtes Königreich)

Die Royal Air Force, die eine heterogene Tankflugzeugflotte aus umgebauten Bombern wie der Victor oder Vulcan und umgerüsteten Verkehrsflugzeugen wie der VC-10 und der Tristar betreibt, erkannte bereits 1997 den Bedarf an einem neuen Tankflugzeug und startete das Projekt Future Strategic Tanker Aircraft (FSTA). Es sollte die Vickers VC-10-Flotte ab 2008 und die Tristar-Flotte um 2012 ersetzen. Bis 2003 gingen die endgültigen Angebote der beiden konkurrierenden Konsortien ein:

- Air Tanker Ltd. bot eine Mischung aus neuen und gebrauchten Airbus A330-200 an.
- Das Tanker Transport Services Consortium (TTSC) bot umgerüstete B-767-Flugzeuge an.

Im Januar 2004 gab das britische Verteidigungsministerium bekannt, dass der A330 MRTT ausgewählt wurde, um im Rahmen des FSTA-Programms für die nächsten 30 Jahre den Tankdienst für die RAF zu übernehmen. Die ersten beiden Entwicklungsflugzeuge durchliefen einen Umrüstungsprozess und ein erstes Flugtestprogramm in der Airbus-Militäreinrichtung in der Nähe von Madrid. Es war vorgesehen, dass die verbleibenden 12 Flugzeuge von Cobham Aviation Services umgerüstet werden sollten. Aber im Juni 2012 wurde bekannt gegeben, dass die Absicht betand, die letzten zehn Flugzeuge in Spanien umzurüsteten, um sicherzustellen, dass sie rechtzeitig geliefert werden. Bei einer Zeremonie in der RAF Fairford während des Royal Air Tattoo 2011 wurde die Indienststellung des Flugzeugs als »Voyager« in der RAF angekündigt. Das erste fertiggestellte Flugzeug traf im Dezember 2011 bei der RAF Brize Norton ein und begann nach einem langwierigen Zertifizierungsverfahren im April 2012 mit Trainingsflügen. Während der Testphase traten technische Probleme mit dem High Speed-Variable Drag Fangtrichter auf. Die Drohnen an den Flügelspitzen wurden daher durch Standard-Sargent-Fletcher-Fangtrichter ersetzt. Die Zertifizierung wurde schließlich am 16. Mai 2013 erteilt und der erste operationelle Tankflug wurde am 20. Mai 2013 verzeichnet.

Neun der Voyager-Flugzeuge gelten als »Kernflotte« der RAF, die übrigen sind »Surge Capabilities«, die der RAF bei Bedarf zur Verfügung stehen, ansonsten aber an den zivilen Markt vermietet werden. Bestimmte militärische Ausrüstungen können entfernt werden, oder Partnerstaaten zur Verfügung stehen, die nicht über ausreichende militärische Transportkapazitäten verfügen. Es gibt zwei Versionen, die als Voyager KC2 und Voyager KC3 bezeichnet werden. Die KC2 ist mit zwei Cobham 905E Unterflügelbetankungseinheiten ausgestattet, die KC3 mit einer Cobham 805E Fuselage Refueling Unit (FRU) zusätzlich zu den Unterflügelbetankungseinheiten. Keines der RAF-Flugzeuge ist mit dem Aerial Refueling Boom System (ARBS) ausgestattet. Zwei Staffeln sind für die Luftbetankung in RAF Brize Norton zuständig, außerdem gibt es eine Abordnung auf den Falklandinseln, in RAF Mount Pleasant, wo die Voyager auf ihrem Anschlussflug von Brize Norton ankommen und der Staf-

Royal Air Force (Vereinigtes Königreich)

Einheit	Wappen	Flugzeuge
10er-Staffel *Luftwaffenstützpunkt Brize Norton*		**Voyager KC2** **Voyager KC3**
Staffel 101 *Luftwaffenstützpunkt Brize Norton*		**Voyager KC2** **Voyager KC3**
905 Expeditionsluftgeschwader *Mount Pleasant – Falklandinseln*		**Voyager KC2** **Voyager KC3**

fel 1312 des Expeditionsgeschwaders 905 zugeteilt werden. Dort versorgen sie die Typhoons der Staffel 1435 mit Luftbetankung. Die Voyager ist relativ neu im Dienst der RAF und wurde bisher noch nicht in Kampfgebieten eingesetzt. Diese Aufgabe fiel der VC-10 der 101 Squadron zu, die 2011 bei der Operation Unified Protection in Libyen und der Operation Herrick in Afghanistan eingesetzt wurde.

Bei den von der RAF eingesetzten Voyagern handelt es sich um die Version KC.Mk 2, die mit zwei Unterflügeln für die Betankung schneller Flugzeuge ausgestattet ist, sowie um die Version Voyager KC.Mk 3, die über einen zusätzlichen Mittelausleger für den Einsatz mit großen Flugzeugen verfügt.

Die AirTanker-Einrichtung befindet sich auf der RAF Brize Norton, wo ein Hangar mit zwei Hallen und ein Unterstützungsgebäude errichtet wurden, das als Wartungseinrichtung, Flugbetriebszentrum und Bürozentrale für das Programm dient.

Luftwaffe der Vereinigten Staaten

Die United States Air Force hat noch etwa 550 Boeing KC-135 Stratotanker, von den 732 zwischen 1957 und 1965 gebaut wurden. Sie werden ständig in Bezug auf Systeme, Avionik und strukturelle Verbesserungen, einschließlich der Neuverkleidung der unteren Flügeloberflächen und der Installation neuer CFM-56 Turbofan-Triebwerke, aktualisiert und sind immer noch das Herzstück der amerikanischen Tankflugzeuge. Die USAF hat etwa 253 Flugzeuge im aktiven Dienst, die Air National Guard hat 222 und die Air Force Reserve 70. Der zweite im Dienst befindliche Typ ist die KC-10 mit insgesamt 59 Flugzeugen. Beide Typen sind auf 67 Luftwaffeneinheiten in den kontinentalen Vereinigten Staaten und in ausländischen Abteilungen im Vereinigten Königreich, Japan und Guam verteilt. Die Zahlen sind in jeder Hinsicht beeindruckend, denn keine andere Luftwaffe hat sich die Luftbetankung in demselben Maße zu eigen gemacht wie die Vereinigten Staaten. Nicht zu vergessen ist auch der Beitrag privater Unternehmen wie Omega Air, der zu einer bereits riesigen Gesamtstreitkraft hinzukommt.

Der Kerndienst basiert nach wie vor auf einem Flugzeug, das vor kurzem seinen 60. Geburtstag gefeiert hat: Mit kontinuierlicher Wartung und Aufrüstung ist die KC-135R nach wie vor ein formidabler Aktivposten, aber die USAF ist der Ansicht, dass die Wartungskosten ein unannehmbares Wachstum erreichen. Die USAF führte zunächst Ende des 20. Jahrhunderts ein Beschaffungsprogramm durch, um rund 100 ihrer ältesten KC-135E Stratotanker, mit Ausnahme der umgerüsteten KC-135R, durch das Tankflugzeug KC-767 zu ersetzen. Das Programm wurde jedoch abgebrochen, nachdem unregelmäßige Manipulationen der Verfahren entdeckt worden waren.

Im Jahr 2006 veröffentlichte die USAF eine Ausschreibung (RFP) für ein Tankflugzeug mit der Bezeichnung KC-X RFP, mit der ein Beschaffungsprogramm eingeleitet wurde, das die gesamte KC-135-Flotte ersetzen sollte. Konkurrenten waren der Airbus A330 MRTT, der von EADS und Northrop Grumman als KC-30 vorgeschlagen wurde und in einem neuen Werk in Mobile, Alaba-

Die Stärke der Luftwaffe, die mehr als jede andere in die Luftbetankung investiert hat, lässt sich am besten durch die Präsentation einiger Flugzeugaufstellungen verdeutlichen: Über 600 Tankflugzeuge im Bestand der USAF geben im Einsatz ein beeindruckendes Bild ab. KC-135R des 909th Air Refueling Wing führen einen »Elefantenlauf« auf der Kadena AFB in Japan durch.

Luftwaffe der Vereinigten Staaten

Geschwader / Standort	Staffel	Flugzeug
305 Lufttransportgeschwader *McGuire AFB, New Jersey*	2 Luftbetankungsstaffel	**KC-10A**
60 Lufttransportgeschwader Travis AFB, Kalifornien	6 Luftbetankungsstaffel	**KC-10A**
60 Lufttransportgeschwader *Travis AFB, Kalifornien*	9 Luftbetankungsstaffel	**KC-10A**
931 Luftbetankungsgeschwader *McConnell AFB, Kansas*	18 Luftbetankungsstaffel	**KC-135R**
931 Luftbetankungsgeschwader *McConnell AFB, Kansas*	24 Luftbetankungsstaffel	**KC-46A**
305 Lufttransportgeschwader *McGuire AFB, New Jersey*	32 Luftbetankungsstaffel	**KC-46A**
97 Lufttransportgeschwader *Altus AFB, Olahoma*	54 Luftbetankungsstaffel	**KC-135R**
97 Lufttransportgeschwader *Altus AFB, Olahoma*	56 Luftbetankungsstaffel	**KC-46A**
927 Luftbetankungsgeschwader *Mac Dill AFB, Florida*	63 Luftbetankungsstaffel	**KC-135R** **KC-135T**
349 Lufttransportgeschwader *Travis AFB, Kalifornien*	70 Luftbetankungsstaffel	**KC-46A**
434 Luftbetankungsgeschwader *Grissom AFB, Indiana*	72 Luftbetankungsstaffel	**KC-135R**
434 Luftbetankungsgeschwader *Grissom AFB, Indiana*	74 Luftbetankungsstaffel	**KC-135R**
305 Lufttransportgeschwader *McGuire AFB, New Jersey*	76 Luftbetankungsstaffel	**KC-10A** **KC-46A**
916 Luftbetankungsgeschwader *Seymour Johnson AFB, North Carolina*	77 Luftbetankungsstaffel	**KC-135R**
514 Lufttransportgeschwader *McGuire AFB, New Jersey*	78 Luftbetankungsstaffel	**KC-46A**
349 Lufttransportgeschwader *Travis AFB, Kalifornien*	79 Luftbetankungsstaffel	**KC10A**

Geschwader / Standort	Staffel	Typ
6 Lufttransportgeschwader *Mac Dill AFB, Florida*	91 Luftbetankungsstaffel	**KC-135R** **KC-135T**
92 Luftbetankungsgeschwader *Fairchild AFB, Washington*	92 Luftbetankungsstaffel	**KC-135R**
92 Luftbetankungsgeschwader *Fairchild AFB, Washington*	93 Luftbetankungsstaffel	**KC-10A**
15 Geschwader *Hickam AFB, Hawaii*	96 Luftbetankungsstaffel	**KC-135R**
117 Luftbetankungsgeschwader *Internationaler Flughafen Birmingham, Alabama*	106 Luftbetankungsstaffel	**KC-135R**
126 Luftbetankungsgeschwader *Scott AFB, Illinois*	108 Luftbetankungsstaffel	**KC-135R**
141 Luftbetankungsgeschwader *Fairchild AFB, Washington*	116 Luftbetankungsstaffel	**KC-135R**
190 Luftbetankungsgeschwader *Topeka Forbes Field Flughafen, Kansas*	117 Luftbetankungsstaffel	**KC-135R**
101 Luftbetankungsgeschwader *Bangor Internationaler Flughafen, Maine*	132 Luftbetankungsstaffel	**KC-135R**
157 Luftbetankungsgeschwader *Portsmouth International Tradeport, New Hampshire*	133 Luftbetankungsstaffel	**KC-46A**
108 Luftbetankungsgeschwader *McGuire AFB, New Jersey*	141 Luftbetankungsstaffel	**KC-135R**
121 Luftbetankungsgeschwader *Rickenbacker Air National Guard Base, Nebraska*	145 Luftbetankungsstaffel	**KC-135R**
171 Luftbetankungsgeschwader *Internationaler Flughafen Pittsburg, Pennsylvania*	146 Luftbetankungsstaffel	**KC-135R**
171 Luftbetankungsgeschwader *Internationaler Flughafen Pittsburg, Pennsylvania*	147 Luftbetankungsstaffel	**KC-135R**
186 Luftbetankungsgeschwader *Flughafen Meridian Field, Mississippi*	153 Luftbetankungsstaffel	**KC-135R**
121 Luftbetankungsgeschwader *Rickenbacker Air National Guard Base, Nebraska*	166 Luftbetankungsstaffel	**KC-135R**

168 Luftbetankungsgeschwader *Eielson AFB, Alaska*	168 Luftbetankungsstaffel	**KC-135R**
127 Wing Selfridge *Air National Guard Base, Michigan*	171 Luftbetankungsstaffel	**KC-135T**
155 Luftbetankungsgeschwader *Städtischer Flughafen Lincoln, Nebraska*	173 Luftbetankungsstaffel	**KC-135R**
185 Luftbetankungsgeschwader *Flughafen Sioux City, Indiana*	174 Luftbetankungsstaffel	**KC-135R**
151 Luftbetankungsgeschwader *Internationaler Flughafen Salt Lake City, Utah*	191 Luftbetankungsstaffel	**KC-135R**
161 Luftbetankungsgeschwader *Flughafen Phoenix Sky Harbor, Arizona*	197 Luftbetankungsstaffel	**KC-135R**
154 Geschwader Hickam *AFB, Hawaii*	203 Luftbetankungsstaffel	**KC-135R**
940 Luftbetankungsgeschwader *Beale AFB, Kalifornien*	314 Luftbetankungsstaffel	**KC-135R**
914 Luftbetankungsgeschwader *Niagara Falls Internationaler Flughafen, New York*	328 Luftbetankungsstaffel	**KC-135R**
452 Lufttransportgeschwader *March AFB, Kalifornien*	336 Luftbetankungsstaffel	**KC-135R**
22 Luftbetankungsgeschwader *Portsmouth International Tradeport, New Hampshire*	64 Luftbetankungsstaffel	**KC-46A**
22 Luftbetankungsgeschwader *McConnell AFB, Kansas*	344 Luftbetankungsstaffel	**KC-46A**
22 Luftbetankungsgeschwader *McConnell AFB, Kansas*	349 Luftbetankungsstaffel	**KC-46A**
22 Luftbetankungsgeschwader *McConnell AFB, Kansas*	350 Luftbetankungsstaffel	**KC-135R**
100 Air Refueling Wing *RAF Mildenhall AFB, Vereinigtes Königreich*	351 Luftbetankungsstaffel	**KC-135R** **KC-135T**
22 Luftbetankungsgeschwader *McConnell AFB, Kansas*	384 Luftbetankungsstaffel	**KC-135R**

Geschwader / Standort	Staffel	Muster
459 Luftbetankungsgeschwader *Andrews AFB, Maryland*	756 Luftbetankungsstaffel	**KC-135R**
375 Lufttransportgeschwader *Scott AFB, Illinois*	906 Luftbetankungsstaffel	**KC-135R**
18 Geschwader *Kadena AFB, Japan*	909 Luftbetankungsstaffel	**KC-135R**
18 Geschwader *Andersen AFB, Guam*	909 Luftbetankungsstaffel Det 1	**KC-135R**
916 Luftbetankungsgeschwader *Seymour Johnson AFB, North Carolina*	77 Luftbetankungsstaffel	**KC-135R** **KC-46A**
92 Luftbetankungsgeschwader *March AFB, Kalifornien*	912 Luftbetankungsstaffel	**KC-135R**
413 Flugtestgruppe *Edwards AFB, Kalifornien*	370 Flugteststaffel	**KC-135R** **KC-10A**
412 Transportgeschwader *Edwards AFB, Kalifornien*	412 Flugteststaffel	**KC-135R**
412 Transportgeschwader *Edwards AFB, Kalifornien*	418 Flugteststaffel	**KC-46A**
507 Luftbetankungsgeschwader *Altus AFB, Olahoma*	730 Lufttransport-Ausbildungsstaffel	**KC-135R** **KC-46A**
1 Spezialeinsatzgeschwader *Hurlburt Field, Florida*	15 Spezialeinsatzgeschwader	**MC-130P**
27 Spezialeinsatzgeschwader *Kirtland AFB, New Mexico*	9 Spezialeinsatzgeschwader	**MC-130J**
57 Spezialeinsatzgeschwader *Cannon AFB, New Mexico*	415 Spezialeinsatzgeschwader	**MC-130J**
352 Special Operations Wing *RAF Mildenhall AFB, Vereinigtes Königreich*	67 Spezialeinsatzgeschwader	**MC-130J**
353 Spezialeinsatzgeschwader *Kadena AFB, Japan*	1 Spezialeinsatzgeschwader	**MC-130H**
353 Spezialeinsatzgeschwader *Kadena AFB, Japan*	17 Spezialeinsatzgeschwader	**MC-130J**

Spezialeinsatzkommando der Luftwaffe *Hurlburt Field, Florida*	19 Spezialeinsatzgeschwader	**MC-130P**
129 Rettungsgeschwader *Moffet Field, Kalifornien*	130 Rettungsschwadron	**MC-130P**
Materialkommando der Luftwaffe *Tinker AFB, Olahoma*		**KC-46A**

ma, gebaut werden sollte, wo auch die A330-Frachter hergestellt werden, sowie die Boeing KC-767, ein kleineres, aber auch billigeres Flugzeug. Der Auftrag wurde 2008 an EADS und deren Partner vergeben. Das gesamte Programm wurde aber neu aufgelegt, nachdem Boeing sich über das Ausschreibungsverfahren beschwert hatte. 2009 startete die USAF eine neue Ausschreibungsrunde mit klareren Kriterien, was Northrop Grumman dazu veranlasste, sich aus dem Ausschreibungsverfahren zurückzuziehen, mit der Begründung, die neuen Kriterien würden Boeing begünstigen. Im Jahr 2011 erhielt Boeing den Zuschlag für den neuen Tankflugzeugvertrag mit einer Weiterentwicklung des KC-767 namens KC-46A. Der Vertrag umfasst 179 Flugzeuge. Das Air Mobility Command geht davon aus, dass der Bedarf an Luftbetankung in Zukunft steigen wird. Die neue KC-46A wird die KC-135R-Flotte nicht vollständig ersetzen, sondern die wichtigsten Anforderungen des KC-X-Projekts erfüllen: Sie wird mehr Treibstoff transportieren, mehr Fracht befördern und mehr Platz für Passagiere haben. Ein weiteres Tankflugzeug im Bestand der USAF ist die Lockheed MC-130. Die MC-130J Commando II ist ein Spezialeinsatzflugzeug für das USAF Special Operations Command. Sie ist hauptsächlich für die Zusammenarbeit mit Hubschraubern und dem Kipprotorflugzeug Osprey vorgesehen. Die MC-130P Combat Shadow fliegt bei schlechten Sichtverhältnissen Luftbetankungsmissionen für Hubschrauber für Spezialeinsätze sowie Infiltrations-, Exfiltrations- und Nachschubmissionen für Spezialeinsatzkräfte. Sie operiert in der Regel nachts, um die Wahrscheinlichkeit einer visuellen Erfassung und eines Abfangens zu verringern. Ohne ihre Unterstützung bräuchten die Planer eine viel größere Anzahl taktischer Flugzeuge, die näher an den Einsatzgebieten stationiert wären. Es würde viel mehr Zeit in Anspruch nehmen, um bei humanitären Einsätzen Material zu liefern, so dass die derzeitige und künftige Tankflugzeugflotte ein viel genutzter und wichtiger Aktivposten der Luftwaffe bleiben wird.

KC-10A, die normalerweise auf der Travis AFB stationiert sind, stehen auf der Fluglinie der Barksdale AFB, Louisiana.

Fast 250 F16 C und D wurden an die türkischen Luftstreitkräfte ausgeliefert, die bis auf sieben alle von TAI (Turkish Aerospace Industries) zusammengebaut wurden. Zusammen mit den verbleibenden F-4E sind sie die aktivsten Empfänger für die Flotte von KC-135.

Die KC-135A wurden zunächst ausgewählt, um die Pläne der USAF zu nutzen, die die Lieferung von aus dem aktiven Dienst genommenen Flugzeugen an NATO-Länder ermöglichen. Später wurde beschlossen, die Flugzeuge vor der Auslieferung an die Türkei auf die Stufe KC-135R umzurüsten.

Eine B-52G führt eine Betankung unter extremem Anstellwinkel durch eine KC-135A während eines zentralen Fluglehrerkurses auf der Castle AFB im Jahr 1980 durch.

Eine KC-135R des 92nd Air Refueling Wing von der Fairchild Air Force Base betankt eine C-5 Galaxy von der Westover Air Reserve Base. Die C-5 Galaxy wird von den KC-135-Besatzungen im Allgemeinen als einer der schwierigsten Empfänger angesehen, da ihre Masse so viel Luft vor sich herschiebt, dass der Kontakt mit dem Tankflugzeug immer schwierig ist.

Eine MC-130 führte 2013 die erste doppelte Betankung der F-35 durch.

Im Flug mit der KC-135

Am 13. Dezember 2016 hatte ich das große Privileg, mit der Besatzung einer KC-135R an einem Trainingsflug über der Ostküste Englands teilzunehmen. Die RAF Mildenhall, Heimat des 100th Air Refueling Wing / 351st Air Refueling Squadron, ist die einzige permanent in Europa stationierte Luftbetankungseinheit der USAF, wo ein Dutzend KC-135 stationiert sind, um häufige Einsätze zur Unterstützung der USAF und anderer NATO-Streitkräfte durchzuführen, die die Luftbetankung üben müssen. Da es sich um den Hauptstützpunkt der USAFE handelt, sind dort auch immer wieder amerikanische Flugzeuge im Einsatz. Die erste Aktivität vor dem Flug ist das Pre-Flight-Briefing. Die Flugbesatzung, bestehend aus Pilot, Co-Pilot und dem Bediener des Auslegers, liest und bespricht alle Informationen zu ihrem Flug, einschließlich Gewichte, Start, Wetter, Treffpunkt, Geschwindigkeiten und Verfahren für die Rückkehr nach Mildenhall sowie eventuelle NOTAMs, die auf der Tafel erscheinen. Auf dem Vorfeld wartet die KC-135R 59-1471 auf ihren heutigen Einsatz, eingehüllt in den typischen frühwinterlichen Nieselregen. Es ist eine KC-135T, und wir haben die Ehre, an Bord eines Flugzeugs zu sein, das früher als SR-71-Tankflugzeug eingesetzt wurde. Benjamin Marion ist der Kommandant und stolz darauf, dass er die dritte Generation von Piloten ist, die ein legendäres Flugzeug fliegen. Er konnte nicht mit der ersten KC-135A mitfliegen, hat aber viele Geschichten über den Nervenkitzel gehört, den es bedeutet, das Ende der Startbahn bei einem Start mit voller Beladung zu beobachten und dabei

Das 100th Luftbetankungsgeschwader, das in Mildenhall stationiert ist, beerbt die 100th Bomber Group aus dem Zweiten Weltkrieg.

Die Erinnerungen an den Kalten Krieg sind in Form von Strahlungsbarrieren an Fenstern und Ausgängen immer noch präsent. Die KC-135R verfügt immer noch über ein Cockpit, das an die Technologie der 50er-Jahre erinnert, mit allen Aktualisierungen, die sie zu einem beeindruckenden Tankflugzeug machen.

Links: Die verschiedenen Notfallprozeduren sind Teil der Vorflug-Checkliste. Hier wird die Sauerstoffmaske in der Position überprüft, in der früher der Flugingenieur saß und die mit dem Einbau der neuen Avionik überflüssig geworden ist.

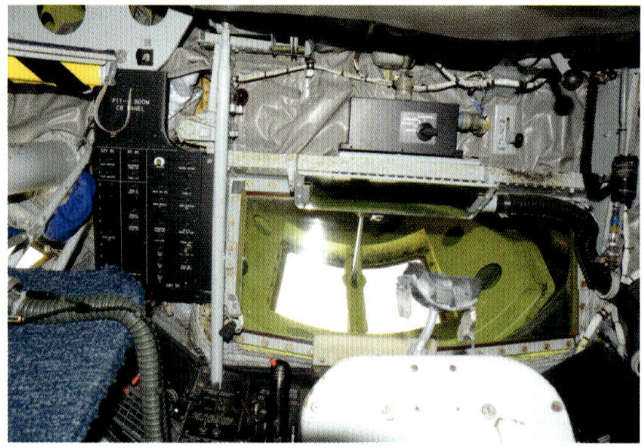

Rechts oben: Die Arbeitsposition des Auslegerfahrers der KC-135R.

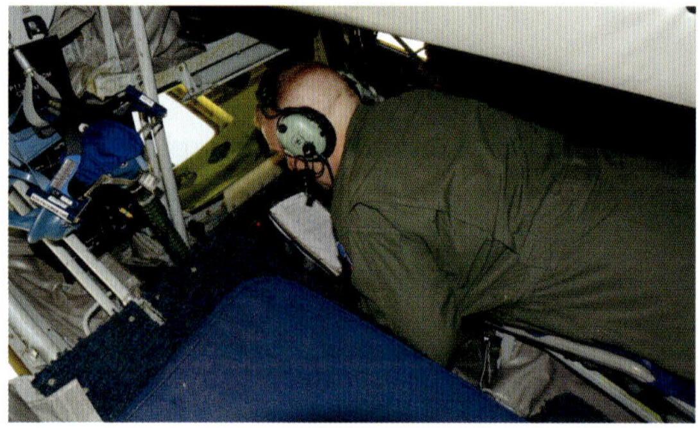

Rechts unten: Der Ausleger-Operator arbeitet in Bauchlage, wobei alle Bedienelemente ergonomisch um ihn herum angeordnet sind. Bei dem abgebildeten Flugzeug handelt es sich um eine KC-135T, d.h. eine ehemalige KC-135Q, die zur KC-135R aufgerüstet wurde. Der einzige äußere Unterschied zwischen einer KC-135R und einer KC-135T ist das Vorhandensein eines durchsichtigen Fensters an der Unterseite des Leitwerks der KC-135T, an dem ein ferngesteuerter Suchscheinwerfer angebracht ist.

Innenraum der KC-13R. Der hintere Teil des Rumpfes wird von zwei Hilfsturbinen eingenommen, die in den hinteren Rumpf eingebaut sind und den Tanker im Gegensatz zur ursprünglichen KC-135A unabhängig von externen Generatoren machen.

Eine E-3 AWACS der Royal Air Force führt eine Besatzungsschulung mit der KC-135R des Luftbetankungsgeschwaders 100 durch.

die Anzeigen der Triebwerke im Auge zu behalten. Mit vier J-57 war das Flugzeug untermotorisiert, und im Falle eines Triebwerksausfalls war eine lange und lebenswichtige Prozedur zu befolgen. Ältere Besatzungen erzählen ihm von den Spitznamen »Silver Sow« oder »Steam Jet«, um ihm zu zeigen, wie einfacher das Leben auf der KC-135R nun ist, mit einer fast doppelt so hohen Leistung und einer Zuverlässigkeit, die heutzutage Standard unter den Turbofans ist. Ausleger-Operator ist Kaleb Bourque, ein junger Mann, der von seinem Einsatz in England und der aufregenden Arbeit der Luftbetankung begeistert ist. Er trägt eine schwere Verantwortung auf seinen Schultern, denn bei turbulenter Luft kann das Bewegen des »Rudervators« nicht einfach sein und mit einer Kollision des Auslegers mit dem Empfänger enden. »Rudervator« ist die Kurzform des Namens des Auslegersteuersystems. Es umfasst das Seitenruder (Ruderfunktion) und das Höhenruder (Auftrieb) in den beiden am Ausleger angebrachten Flossen. Sie werden durch ein Joch zusammen mit den Winkelsteuerungen bedient. Der Bediener des Auslegers führt einen Vorflug durch, um die korrekte Funktion des Auslegers zu überprüfen, und vergewissert sich, dass das Fenster des Auslegers frei ist. Später prüft er, ob die gesamte Ladung sicher angeschnallt und gesichert ist und kontrolliert, ob alle Türen fest geschlossen sind.

Kyle Wilmot ist ein weiterer junger Amerikaner, der als zweiter Pilot fungiert und uns darüber informiert, dass wir fast 75 Tonnen Treibstoff an Bord haben, die für die Trainingsmission mit einer E-3 AWACS RAF erforderlich sind. Die Besatzung ist gut eingespielt und die lange Checkliste für den Start wird in weniger als 20 Minuten abgearbeitet. Die beiden APUs starten mit einem pfeifenden Geräusch, die Druckausgleichs- und Kraftstoffübertragungssysteme werden überprüft. Die vier Triebwerke zünden mühelos, sie sind fast die gleichen wie bei einer B-737 oder einem A320. Bald sind wir auf die Startbahn 11 ausgerichtet. Diese 2.800 Meter, auf denen das gesamte amerikanische Nachkriegsarsenal im Einsatz war, erwarten nun eine durchschnittlich beladene KC-135 und eine vorbeifahrende KC-10, die uns folgt. Ohne jegliche Spannung wird V1 erreicht, die vier CFM-56 schieben angenehm und bald steigen wir in die Wolkendecke. Es erscheint die graue Form unseres Empfängers, der abwechselnd von verschiedenen Besatzungen genutzt wird. Es ist ein prächtiger Anblick, eine E-3 der Royal Air Force, die im scharfen Winterlicht schimmert und sich der Vorkontaktposition nähert. Der Empfän-

Die KC-135R 59-1471, die während des Einsatzes vom 13. Dezember 2016 eingesetzt wurde, wartet in Mildenhall auf ihre Besatzung.

ger wird anhand der gelben Linien auf der Unterseite der KC-135 ausgerichtet, und dann ist es Zeit, den Ausleger anzubringen. Ein paar Bewegungen und die Düse ist angebracht. Das spricht für eine hervorragende Ausbildung der Besatzung. Es ist eine potenziell gefährliche Tätigkeit, die mit maximaler Ruhe durchgeführt werden muss. Der Ausleger ist sehr flexibel, so dass er sich frei bewegen kann, während er am Empfängerflugzeug angebracht ist. Er kann den relativen Bewegungen der Flugzeuge sehr genau folgen.

Es werden Anflüge mit verschiedenen Winkeln ausgeführt und auch Notauslösungen getestet, bei denen der Tanker schnell ansteigt und der Empfänger scharf abdreht. Kaleb manövriert gekonnt seinen Ausleger, aber manchmal erfordern die Turbulenzen eine geschickte Übung, um das Loch des Empfängers zu zentrieren.

Es werden einige »trockene« Kontakte mit verschiedenen Crews in der britischen E-3 hergestellt, erster Zweck der Mission ist es, die Fähigkeit zur Luftbetankung des Empfängers aufrechtzuerhalten. Alles scheint sehr reibungslos und mit höchster Professionalität zu verlaufen.

Die KC-135 kreist weiterhin in einer konstanten Höhe von 12.000 Fuß vor der englischen Küste auf einer ovalen Bahn und trainiert dabei abwechselnd den Empfänger und den Ausleger-Operator, den Kontakt zu halten. Die E-3 gilt nicht als schwierig zu betankendes Flugzeug. Kyle erzählt uns, dass sein »schwarzes Biest« die C-5 Galaxy ist, deren Größe die Bewegung einer großen Luftmasse verursacht, die die Strömung unter dem Stratotanker stört, und zwar so sehr, dass KC-135-Besatzungen Geschichten erzählen, in denen der Autopilot nicht genügend Autorität hat, um den Tanker zu steuern.

Nachdem der Beobachter mit der Arbeit seiner Crew und der Briten an Bord der E-3 zufrieden ist, neigt sich die Mission dem Ende zu. Wir befinden uns bald im Endspurt nach Mildenhall.

Unsere KC-135 absolvierte ihren ersten Flug im Jahr 1960 und hat nicht die Absicht, am Boden zu bleiben.

Marine Corps der Vereinigten Staaten – Marine der Vereinigten Staaten

Eine Flotte von insgesamt 47 KC-130J Hercules-Flugzeugen wird von der US Navy und dem USMC betrieben. Der Gesamtbedarf dieser beiden Betreiber beträgt über 100 Tankflugzeuge. Die USAF-Tankflugzeuge verwenden ein einzigartiges fliegendes Auslegersystem, während die Flugzeuge der Navy und des Marine Corps mit dem Schlauch- und Fangtrichter-System betankt werden. Die USAF verwendet außerdem JP-8-Kraftstoff, während die Navy JP-5 verwendet, so dass die Tankflugzeuge der Air Force zur Betankung von USN- und USMC-Flugzeugen im Allgemeinen ihre Tanks spülen und ein modifiziertes Schlauch- und Fangtrichter-System installieren müssen.

Der Korb, der über einen kurzen flexiblen Schlauch an den fliegenden Ausleger angeschlossen ist, wird von den Navy-Piloten nicht gern gesehen, sie nennen ihn in der Regel »Eiserne Jungfrau«. Um den Treibstofffluss in Gang zu setzen, muss der Empfänger den Schlauch so weit nach vorne schieben, dass eine Biegung entsteht. Und da der Schlauch so kurz ist, kann jede plötzliche Bewegung in irgendeine Richtung die Betankungssonde zerreißen. Dies kommt recht selten vor, aber in den meisten Fällen erfordern die zehn Minuten, die ein Kampfflugzeug betankt werden muss, eine extreme Konzentration des Empfängerpiloten.

Die Standardtankflugzeuge der Navy-Flotte verwenden daher keinen Ausleger, sondern zwei Unterflügelkapseln mit einem langen Schlauch und einem Fangtrichter-System, das große Relativbewegungen zwischen Tankflugzeug und Empfänger ermöglicht.

Die US-Marine ist ebenfalls Kunde von Omega Air und bietet zusätzliche Tankflugzeuge und insbesondere Jet-Tankflugzeuge an, die für die zahlreichen F/A-18 und Growler geeignet sind. Das letzte trägergestützte Tankflugzeug war die S-3 Viking, die 2009 ausgemustert wurde.

Seitdem ist die einzige Luftbetankungsmöglichkeit für schiffsgestützte Flugzeuge die verschiedenen Sargent Fletcher Buddy Stores, die im Allgemeinen von F/A-18 Hornets transportiert werden. Für die Zukunft hat die US-Marine mit der Erprobung unbemannter Luftfahrzeuge begonnen, die als Tankflugzeuge für die Flugzeugträger der Marine dienen sollen. Boeing wurde mit dem Bau von bis zu 70 Drohnen beauftragt, die 14.000 Pfund Treibstoff in einer Entfernung von bis zu 500 Meilen von einem Flugzeugträger liefern können.

Marinekorps der Vereinigten Staaten

Marine Corp Aircraft Group 14 *Cherry Point MCAS, North Carolina*	Marine Luftbetankungsstaffel VMGR-253		**KC-130J**
Marine Corp Aircraft Group 14 *Cherry Point MCAS, North Carolina*	Marine Luftbetankungsstaffel VMGR-252		**KC-130J**
Marine Corp Aircraft Group 14 *Miramar MCAS, Kalifornien*	Marine Luftbetankungsstaffel VMGR-352		**KC-130J**
Marine Corp Aircraft Group 14 *Internationaler Flughafen Stewart, New York*	Marine Luftbetankungsstaffel VMGR-452		**KC-130T**

Marine der Vereinigten Staaten

Naval Aviation Warfighting Development Center *NAS Patuxent River, Maryland*	VX-20		**KC-130F** **KC-130T**
Naval Air Aviation Warfare Center *NAS Patuxent River, Maryland*	VX-30		**KC-130J** **KC-130R**

Boeing meint, dass das unbemannte Flugzeugsystem (UAS) die beste Wahl für die Betankung von Flugzeugen der US-Marine ist, die von Flugzeugträgern aus operieren. Die Marine sucht nach unbemannten Betankungsmöglichkeiten, die die Kampfreichweite von F/A-18 Super Hornet, EA-18G Growler und F-35C-Kampfflugzeugen erhöhen würden. Eine EA-18G erhält Treibstoff von einer anderen F-18.

Die Betankung von Hubschraubern ist eine wichtige Aufgabe für eine Angriffstruppe wie das Marine Corps. Ein schwerer Hubschrauber CH-53E Super Stallion des Marine Corps Helicopter Squadron Four Six One wird von einer KC-130 betankt.

Die KC-130 kann mit externen Tanks eine maximale Treibstoffmenge von 61.364 Pfund transportieren. Ein zusätzlicher Rumpftank kann weitere 24.392 Pfund Treibstoff aufnehmen. Die Entladeleistung beträgt bis zu 60C Gallonen pro Minute.

Eine MC-130P der 67th Special Operations Squadron MC-130P Combat Shadow betankt eine CV-22 Osprey, die früher als Combat Shadow II bekannt war. Sie wird derzeit durch die neue MC-130J sowie die ältere MC-130E ersetzt.

Der Bell Tilt-rotor Osprey fungiert diesmal als Tankflugzeug. Er wurde 2016 mit einer Buddy-Buddy-Betankungseinheit für einen möglichen Einsatz als Tankflugzeug getestet.

Fuerza Aerea Venezolana (Venezuela)

Die venezolanische Luftwaffe verfügte über zwei Tankflugzeuge für die Luftbetankung ihrer Kampfflugzeuge. Die venezolanischen Boeing 707-384C-Tankflugzeuge waren mit zwei Sonden- und Schleppsystemen zur Versorgung der SU-30MK2, der Mirage 5 und der F-5-Kampfflugzeuge sowie mit einem fliegenden Ausleger zur Betankung der F-16 ausgestattet. Die Flugzeuge waren bis zum Ende des Jahrzehnts dieses Jahrtausends einsatzbereit, danach begannen Verhandlungen über den Kauf von zwei IL-78-Tankflugzeugen. Das Werks in Taschkent konnte die Flugzeuge nicht liefern. Die zusätzlich einsetzende Wirtschaftskrise in Venezuela haben den Plan gestoppt.

Die von der venezolanischen Luftwaffe eingesetzten B-707 waren effiziente Tankflugzeuge, die mit mehreren Betankungssystemen ausgestattet waren, um Flugzeuge mit Tanksonde & Fangtrichter wie die Mirage F5 zu versorgen und die F-16 Block 30 zu betanken.

Eine B-707, die auf den Namen Pegaso getauft wurde, erhielt im Jahr 2006 eine feierliche Farbgebung.

EATC

Der zunehmende Bedarf an Lufttransporten und insbesondere an Luftbetankung in Verbindung mit den ständig gekürzten Verteidigungsbudgets in verschiedenen europäischen Ländern führte zu Beginn des 21. Jahrhunderts zu einer wachsenden Kluft zwischen Bedarf und Ressourcen.

Eine neue Politik der Ressourcenzuteilung auf der Grundlage einer multinationalen Organisation war wahrscheinlich nicht nur die beste Lösung, um den Anforderungen gerecht zu werden, sie war auch der einzig mögliche Ausweg. Sie erwies sich als ein positiver Kreislauf, ein erster Schritt zu einer lang ersehnten Europäischen Verteidigungsorganisation.

Die Ursprünge des EATC (European Air Transport Command) gehen auf das Jahr 1999 zurück, als Frankreich und Deutschland begannen, nach einer gemeinsamen Lösung für ihren strategischen Transportbedarf zu suchen. Studien zur Bewältigung solcher Anforderungen führten zur Gründung des EATC im Jahr 2007, als die teilnehmenden Nationen Frankreich, Deutschland, Niederlande und Belgien vereinbarten, die Befugnis zur Nutzung einiger Transport- und Luftbetankungsmittel von den nationalen Luftstreitkräften auf eine übergeordnete Organisation oberhalb der lokalen Verteidigungsarmee zu übertragen.

Ziel war es, die Nutzung der Anlagen zu optimieren, indem die Einheiten eines Landes mit vorübergehenden Überkapazitäten zu Gunsten anderer Streitkräfte mit Ressourcenmangel eingesetzt wurden. In diesem Prozess wurde die operative Kontrolle der nationalen Mittel auf das EATC übertragen und schließlich wurde im Jahr 2010 in Eindhoven das neue Gebäude der Organisation eingeweiht, das ab 2012 auch Luxemburg und ab 2014 Italien und Spanien umfasst.

Zu den anfänglichen Mitteln der EATC gehörten leichte Transportflugzeuge vom Typ CASA CN235 aus Spanien, C-130 Hercules aus Spanien, Belgien und den Niederlanden, Airbus A310 (einige mit Luftbetankungsmöglichkeit) aus Deutschland, Airbus A340 aus Frank-

Karte der an der EATC teilnehmenden Länder.

EATC-Hauptsitz in Eindhoven.

reich, KDC-10-Tankflugzeuge aus den Niederlanden sowie eine Vielzahl von Verbindungs- und VIP-Flugzeugen. Italien beteiligt sich mit 31 Flugzeugen an der EATC, darunter Alenia C-27J, C-130J und KC-767-Tankflugzeuge.

Nach den ersten Operationen übertrug Deutschland die vollständige Kontrolle über den Verkehr an die EATC, wodurch die nationale Koordinierungsinfrastruktur geschlossen wurde und somit ein weiterer wirtschaftlicher Nutzen erzielt werden konnte. Alle Länder haben jedoch die Möglichkeit, die Übertragung der Befugnisse zu widerrufen, falls politische oder strategische Gründe die Rücknahme der Befugnisse erfordern.

Das EATC ist auch in das Gesamtbild der NATO eingebunden und arbeitet mit dem MCCE (Movement Coordinations Center Europe), das ebenfalls in Eindhoven angesiedelt ist und 28 Nationen umfasst, der EDA (European Defence Agency) und dem ETAC (European Training Airlift Center) mit Sitz in Saragossa zusammen, um ein gemeinsames Ausbildungssystem für die verschiedenen Militärtransportsysteme zu organisieren. Das Konzept des Poolings und der gemeinsamen Nutzung gilt für AAR (Aerial Air Refueling) und MedEvac (Medical Evacuation), wobei das Konzept der von einer Nation angebotenen gleichwertigen Flugstunden zur Anwendung kommt. Wenn Italien beispielsweise die große Kapazität einer A400M für einen dringenden Lufttransport benötigt, kann es dies tun, indem es im Gegenzug Nutzungsstunden seiner KC-767-Tankflugzeuge anbietet, und zwar nach dem Prinzip der Äquivalenz zwischen den tatsächlichen Stundenkosten der beteiligten Mittel, ohne dass ein tatsächlicher Geldtransfer zwischen den beteiligten Nationen stattfindet.

Derzeit verfügt die EATC über eine große Auswahl an Tankflugzeugen: die KC-135R der Armee de l'Air, die A310 der Luftwaffe, die KDC-10 der Koninklijke Luchtmacht, die KC-767 der Aeronautica Militare Italiana und die KC-130 der Fuerza Aerea Espanola. Die EATC soll über 110 bis 120 Airbus A400M verfügen, die sowohl die Transport- als auch die Luftbetankungsrolle erfüllen und die gewünschte Standardisierung der Mittel mit sich bringen werden. Der A400 ist jedoch nicht mit einem fliegenden Ausleger ausgestattet, so dass die Betankung von Flugzeugen wie der F-16 der KC-767 oder dem Airbus A330 MRTT überlassen bleibt, der ebenfalls in Frankreich in Dienst gestellt wird. Sobald die A400M in Dienst gestellt werden, sollen sie Teil des EATC werden. Alle Flugzeuge werden weiterhin auf den Luftwaffenstützpunkten der beteiligten Länder stationiert und gewartet. Dennoch erwarten die EATC-Teilnehmer, dass sie im Bedarfsfall von mehr Fähigkeiten profitieren und die Flotte insgesamt effizienter nutzen können.

Unter der Kontrolle des EATC wurden 2004 humanitäre Einsätze nach dem großen Tsunami im Indischen Ozean, 2006 die Unterstützung von Befriedungsmaßnahmen im Kongo, aber auch Kriegseinsätze zur Unterstützung der ISAF-Operation in Afghanistan ab 2002 und die Operation Inherent Resolve in Syrien durchgeführt, bei der viele Empfänger von EATC-Tankern beliefert wurden, wobei im ersten Jahr 2.600.000 Pfund Treibstoff abgelassen wurden.

In den ersten fünf Jahren wurden mit EATC-Flugzeugen 1,7 Millionen Passagiere befördert, darunter eine halbe Million Fallschirmjäger und 6.000 Kranke sowie über 100.000 Tonnen Fracht in fast 300.000 Flugstunden.

Die Luftbetankungsoperationen der teilnehmenden Nationen wurden ebenfalls Teil des EATC. Auslöser der Initiative war der große Bedarf an Operationen, die im Rahmen des Konflikts mit Libyen im Jahr 2011 stattfanden, die sogenannte Unified Protection Mission. Bei dieser Gelegenheit ergab sich aus der Notwendigkeit, Luftstreitkräfte mit unterschiedlichen Einsatzverfahren und Flugzeugen zu koordinieren, die Notwendigkeit eines effizienten Versorgungsbetriebs, was dazu führte, dass das EATC ab März 2012 auch die Aufgabe der Luftbetankung übernahm.

Am selben Tag wurde auch die Durchführung von EART-Übungen (European Air Refueling Training) beschlossen, um die operativen Fähigkeiten zu verbessern.

Es wurde auch eine Zertifizierung der Besatzungen festgelegt, um den Betankungsmannschaften einen einheitlichen Status der Gefechtsbereitschaft zuzuweisen. Das Problem der Tankflugzeuge ist sehr ausgeprägt. Das EATC verfügt über 20 Tankflugzeuge, aber es sind sechs verschiedene Typen (KC-135, A310, KDC-10, KC-767, C-130 und A400M). Einige Tankflugzeuge verwenden den fliegenden Ausleger, andere das Sonden- und Schleppsystem, und alle Versorgungs-Empfänger-Kombinationen müssen für jedes einzelne Flugzeug zertifiziert werden, d.h. wenn der A310 der Luftwaffe für die Versorgung der deutschen EFAs zertifiziert ist, ist er nicht automatisch für die italienischen EFAs zugelassen. In Kriegssituationen gibt es viel mehr Flexibilität, aber in Friedenszeiten erzwingt die Starrheit der Vorschriften viele Ausbildungs- und Zertifizierungsaufgaben.

Es stellte sich heraus, dass die USAF an Luftbetankungsoperationen interessiert war und Beobachter und Berater entsandte, um den europäischen Kollegen Fähigkeiten zu vermitteln.

Nach der Operation Unified Protector erkannte die NATO einen Engpass bei den Operationen, der in den fehlenden Freigaben zwischen den verschiedenen teilnehmenden Nationen lag. Das Movement Coordination Center Europe (MCCE) war bereits eingerichtet worden, um die Situation bei der Zertifizierung von Tanker/Empfänger-Kombinationen für die Luftbetankung zu verbessern, und nahm nun seine Arbeit auf, um die Nationen zu befähigen, mehr Freigaben für die Luftbetankung zu erteilen. Die Zusammenarbeit mit dem EATC MCCE wurde zu einem wichtigen Faktor für die Effizienz der europäischen Luftbetankung.

Ziel der jährlichen EART-Übung ist es, den Tankflugzeugbesatzungen der EATC-Länder ein qualitativ hochwertiges Training in realistischen, komplexen, multinationalen Szenarien zu bieten, die im täglichen Betrieb nicht möglich sind. Die Szenerie ist mit bis zu 60 Flugzeugen im Luftraum komplex. Die Standardisierung umfasst die Planung, das Briefing, die Durchführung und das Debriefing für die Besatzung, die Logistikexperten und das Wartungspersonal. Die Tankflugzeuge fliegen zwei Einsätze pro Tag mit zunehmender Schwierigkeit, wobei sie zwei Betankungsstrecken über der Nordsee nutzen, die auf die Namen »Shell« und »Esso« getauft wurden und in Höhen von 15.000 bis 28.000 Fuß liegen.

Multinationale Mehrzweck-Tanker-Transportflotte

Ein Ergebnis der Operationen gegen Libyen im Jahr 2011 war die Notwendigkeit, die europäische Tankflugzeugflotte zu standardisieren und die fast vollständige Abhängigkeit von der US-Tankflugzeugflotte zu verringern. Im November 2011 erkannten die Europäische Verteidigungsagentur (EDA) und die europäischen Verteidigungsminister an, dass die Luft-Luft-Betankung in erster Linie verbessert und standardisiert werden muss.

Im November 2012 unterzeichneten die Verteidigungsminister von zehn EDA-Mitgliedstaaten (Nieder-

Tanker aus Frankreich, Deutschland und Italien sind an der Rampe in Eindhoven präsent.

Ein Tornado der Royal Air Force erhält während der EART-Übung zur Unterstützung der NATO-Übung Frisian Flag Treibstoff.

Britische Tornados kreisen um den Tanker und warten darauf, dass sie mit dem Tanken an der Reihe sind.

lande, Belgien, Frankreich, Griechenland, Spanien, Ungarn, Luxemburg, Polen, Portugal und Norwegen) eine Absichtserklärung für die gemeinsame Beschaffung eines neuen Mehrzweck-Tankflugzeugs, wobei die Niederlande die Führung des neu gestarteten Projekts »Multinationale Mehrzweck-Tankflugzeugflotte« (MMF) übernehmen sollten. Die Wahl fiel auf den Airbus A330 MRTT, und es wurde beschlossen, mindestens acht Einheiten auf dem Luftwaffenstützpunkt Eindhoven in den Niederlanden zu stationieren. Diese operieren als eine einzige Flotte. Sie stellen ab dem Jahr 2020 Luftbetankung und strategische Transporte für alle drei Länder bereit. Der ursprüngliche Plan sah vor, dass die Flotte unter niederländischer Militärregistrierung und Lufttüchtigkeitsvorschriften betrieben und auf dem Luftwaffenstützpunkt Eindhoven gewartet wird, mit vorgeschobenen Operationsbasen in Norwegen und Polen. Alle Flugzeuge sind identisch und mit einem Luftbetankungsauslegersystem und Flügelspitzen für Schlauch- und Abwurfsysteme zur Betankung von mit Sonden ausgerüsteten Flugzeugen ausgestattet. Die Niederlande ersetzten mit dem A330 ihre Flotte von Douglas-Tankflugzeugen des Typs KDC-10, während Norwegen und Polen nie über Tankflugzeugflotten verfügten. Die Fähigkeit wird jedoch für Norwegens Pläne für ein größeres internationales Engagement mit der Anschaffung des F-35 Joint Strike Fighter von entscheidender Bedeutung sein.

Im Juni 2017 schlossen sich Deutschland und Norwegen dem MFF-Programm an und bestellten fünf Flugzeuge mit Optionen für weitere vier Flugzeuge. Am 22. Dezember 2017 unterzeichnete Belgien einen Vertrag über eine A330 MRTT, womit sich die MFF-Flotte auf insgesamt acht Flugzeuge erhöht.

Das Programm folgte auf den Kauf des A330 durch die Royal Air Force und die Entscheidung Frankreichs, 12 Flugzeuge zu kaufen, um seine Flotte von KC-135FR/R Stratotankern zu ersetzen. An der Multi Role Tanker Transport Capability (MRTT) beteiligten sich nun sechs europäische Partner, nämlich Belgien, Deutschland, Luxemburg, die Niederlande, Norwegen und die Tschechische Republik. Die Flotte besteht aus 8 Airbus A330 MRTT, wobei 5 A330 MRTT auf der Eindhoven Air Base stationiert sind. Die anderen 3 sind in Köln, Deutschland, stationiert. Die 6 beteiligten Länder sind für die Beschaffung, das Management, den Betrieb und die Unterstützung der Flotte verantwortlich. Gemeinsam mit Frankreich wird die Möglichkeit eines Kooperationsabkommens für Ausbildung, Wartung, Entwicklung und Ersatzteile geprüft.

Luftbetankung durch private Unternehmen

Mit der Schrumpfung der Verteidigungshaushalte nach dem Ende des Kalten Krieges nahm die Bereitstellung einiger Luftverkehrsfunktionen durch zivile Verträge zu, was den Luftstreitkräften, zu deren Hauptanliegen Haushaltsprobleme gehören, gleichzeitig Flexibilität und erhebliche Kostensenkungen brachte. Der Lufttransport war historisch gesehen die erste ausgelagerte Tätigkeit. Sie wurde zur Zeit des Vietnamkriegs in großem Umfang in dieser Form durchgeführt. Später war Kanada eines der ersten Länder innerhalb der NATO, das erkannte, dass zivile Auftragnehmer Luft-Luft-Trainings an der Frontlinie zu wesentlich geringeren Kosten durchführen konnten. Die Flugstunden mit zivilen Flugzeugen wie dem Alpha Jet und dem Skyhawk sind nicht nur billiger, sondern ihr Einsatz hat auch keine Auswirkungen auf die Lebensdauer der Flugzeuge an der Front. Nach der Gefechtsausbildung wurde die Luftbetankung zum nächsten Tätigkeitsbereich ziviler Unternehmen, die den Luftstreitkräften ihre Dienste anboten:

Omega Air, der erste Anbieter nichtmilitärischer Luftbetankung, hat vor kurzem die Marke von 180.000.000 Pfund Treibstoff erreicht, die von ihren Flugzeugen geliefert wurden. Dies vermittelt einen Eindruck vom Umfang der von zivilen Auftragnehmern durchgeführten Flüge.

Omega Air wurde in den 90er-Jahren von den irischen Unternehmern Ulick und Desmond McEvaddy gegründet, nachdem eine Studie des Verteidigungsministeriums über das Potenzial privater Luftbetankungsaktivitäten veröffentlicht worden war. Die Offenlegung der Reagan-Administration über das der US-Marine und dem US-Marinekorps zugewiesene Budget für Luftbetankung führte zu der Idee, die Tätigkeit auf der Basis von Stundenlöhnen aufzunehmen. Eine B-707, die zuvor von Pan Am betrieben wurde, wurde von BAE Systems und Tracor erworben und modifiziert, um das nötige Fachwissen zu erhalten. Es wurde so zum ersten kommerziellen Luftbetankungsflugzeug. Das Flugzeug wurde so umgebaut, dass es nur noch Sonden- und Fallschirmtankung durchführen konnte, wobei eine einzigartige Mitteltankstation im hinteren Rumpf mit zwei redundanten Schläuchen zum Einsatz kam. Dies war wichtig für den Einsatz der Navy mit taktischen Jets, bei denen ein Schlauch an den KC-135-Ausleger der USAF angeschlossen werden muss. Die erste K-707 flog 1999 zum ersten Mal, und anschließend erhielt Omega Air die Zulassung für Tests in der NAS Patuxent River, Md. Im Jahre 2001 wurde die Zertifizierung erteilt. Es wurden nun alle Flugzeugtypen im Bestand der Navy und der Marines betankt. Eine weitere K-707 wurde 2006 in Dienst gestellt, und 2008 wurde die Flotte durch eine frühere DC-10-40 der Japan Air Lines ergänzt, die als KDC-10 mit Flügeln des Flight Refueling Systems modifiziert wurde, was die gleichzeitige Betankung von zwei Flugzeugen ermöglichte. Es durchlief dasselbe Zulassungsverfahren bei NAS Patuxent River.

Fokker Services hatte bereits das Cockpit und die Avionik der beiden KDC-10 und DC-10 der Königlichen Niederländischen Luftwaffe modernisiert und wendete die gleichen Modifikationen an der KDC-10 von Omega Air an, einschließlich digitaler Cockpits und Link 16- und Satellitenkommunikation. Omega Air arbeitet auf der Grundlage eines »trockenen Vertrages«, d.h. die Marine entschädigt Omega für die Nutzung ihrer Flugzeugzelle, den vom Tankflugzeug verbrauchten Treibstoff, die Flugbesatzung und die damit verbundenen Ausgaben. Auf diese Weise sind die direkten Kosten für die Marineeinheiten, die die Dienste von Omega Air in Anspruch nehmen, der Treibstoff, den sie von den Tankflugzeugen erhalten.

Omega Air hat seinen Sitz am internationalen Flughafen von San Antonio, Texas, und seine Flugzeuge sind an allen Standorten der Navy in den USA im Einsatz. Der Kundenkreis wuchs mit der Aufnahme der Royal Australian Air Force, der Royal Netherlands Air Force und der Royal Air Force.

2015 wurden drei weitere K-707 der Royal Australian Air Force in die Flotte aufgenommen, und eines dieser Flugzeuge führte die erste Luftbetankung eines unbemannten X-47B-Flugzeugs durch.

Omega Air ist derzeit die einzige zivile Fluggesellschaft, die berechtigt ist, Militärflugzeuge zu betanken. Mit einer Flotte von vier K-707 und einer KDC-10. Ein Growler der VAQ-139 wird von einer K-707 über eines der beiden unter dem hinteren Rumpf montierten Pumpen- und Haspelsysteme betankt. Die U.S. Navy und das U.S. Marine Corps sind bei weitem die größten Nutzer der Omega Air Tanker.

Die KDC-10 führt die Luftbetankung mit Treibstoff durch, der in den eigenen Tanks des Dreistrahlers enthalten ist. Im Gegensatz zur KC-10 Extender, wo zusätzliche Tanks installiert wurden. Die KDC-10 kann Treibstoff über den fliegenden Ausleger mit einer Rate von 1750 Litern pro Minute umfüllen.

Drei Northrop B-2 Tarnkappenbomber wurden bei der Mission Odyssey Dawn von Whiteman nach Libyen und zurück eingesetzt. Während der 25-stündigen Mission wurden die Flugzeuge viermal aufgetankt; noch länger war die Mission von Whiteman nach Afghanistan. Ein 44-stündiger Flug mit sechs Luftbetankungen. Die B-2 auf dem Bild wird vom Fenster eines KC-10 Extender eingerahmt.

Ungewöhnliche Luftbetankungen

Die längsten Bombenangriffe der Geschichte

Extrem lange und komplexe Bombenangriffe wurden 1982 während des Falklandkriegs verzeichnet. Die Royal Air Force startete eine Serie von sieben extrem langen Bodenangriffen gegen argentinische Stellungen auf den Falklandinseln, wobei fünf Einsätze mit Bombenangriffen abgeschlossen werden konnten und zwei aufgrund von Wetter- und technischen Problemen abgebrochen werden mussten. Hauptziel war der Flughafen von Port Stanley und die dazugehörigen Verteidigungsanlagen, wobei jeder vollständige Einsatz 16 Stunden dauerte. Der nächstgelegene RAF-Stützpunkt war der Flugplatz Wideawake auf der Insel Ascension, einem britischen Territorium in der Nähe des Äquators, 3.700 Seemeilen (6.900 km) vom Vereinigten Königreich und 3.300 Seemeilen (6.100 km) von den Falklandinseln entfernt. Als Bomber sollte die Avro Vulcan zum Einsatz kommen, die ursprünglich für Nuklearschläge in Europa konzipiert worden war und daher nicht über die nötige Reichweite verfügte, um die Falkland-Inseln ohne mehrmaliges Auftanken anzufliegen. Sie wurde so umgebaut, dass sie entweder einundzwanzig 1.000-Pfund-Bomben (450 kg) im Innern oder vier Shrike-Radarabwehrraketen an Pylonen tragen konnte. 1982 sollte die Vulcan aus dem Einsatz genommen werden, und ihre Besatzungen hatten mehrere Jahre lang weder Luftbetankung noch konventionelle Bombenabwürfe geübt. Eine schwierige Aufgabe war auch die Wiederherstellung des Luftbetankungssystems, das mit Füllmaterial blockiert worden war, da es für die aktuellen Einsätze als unbrauchbar galt. Auf der Seite der Tankflugzeuge war die Situation nicht viel besser. In Erwartung der Lieferung der Lockheed Tristar handelte es sich bei den Tankflugzeugen um einige umgebaute Handley Page Victor-Bomber mit ähnlicher Reichweite, so dass auch sie in der Luft betankt werden mussten, damit andere Tankflugzeuge weiterfliegen konnten, aber zumindest waren die Tankflugzeugbesatzungen für ihre Kriegs-

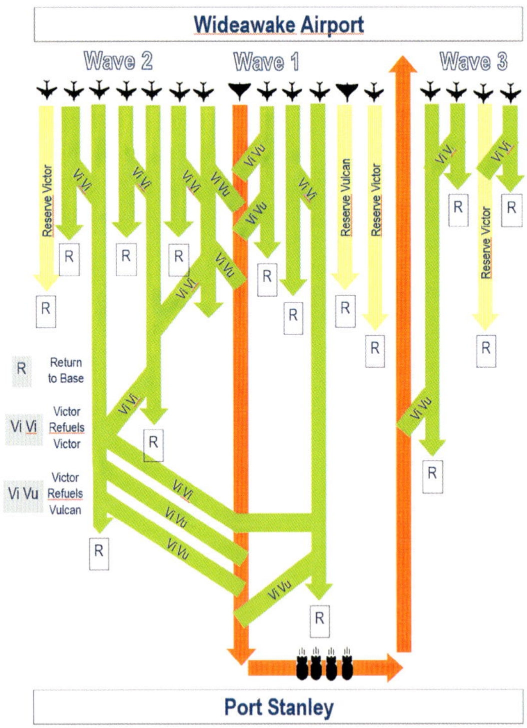

Grafische Darstellung der verschiedenen Tanker- und Bombereinsätze in den Black Buck Missionen.

mission gut ausgebildet, da ihre Aufgabe in Friedenszeiten darin bestand, Jäger zu betanken, die den britischen Luftraum bedrohten. In Anbetracht der Reichweite von Tankflugzeugen und Bombern und der großen Entfernung zum nächsten RAF-Luftwaffenstützpunkt waren insgesamt elf Tankflugzeuge für zwei Vulkanflugzeuge erforderlich, die die Bombardierung durchführen sollten (ein Haupt- und ein Reserveflugzeug). Es war ein enormer logistischer Aufwand, denn die RAF hatte noch nie etwas geflogen, das auch nur annähernd so kompliziert war. Elf Victor-Tankflugzeuge sollten in zwei Wellen starten, zwei Victors sollten als Reserve dienen. Die übrigen sollten die Vulcan und sich gegenseitig in abnehmender Zahl auftanken, bis die Vulcan schließlich mit vollen Tanks nördlich der Falklandinseln zurückblieb. Eine Nimrod und zwei weitere Victors starteten, um die Vulcan auf ihrem Rückflug zu treffen. Bei der ersten Black-Buck-Mission hatte eine Vulcan Probleme mit einem Fenster und konnte den Innendruck nicht aufrechterhalten. Eine der Victors musste ebenfalls umkehren, so dass die Reserven unbedingt erforderlich waren, damit wenigstens eine Vulcan Port Stanley erreichen konnte. Ein weiterer Zwischenfall ereignete sich bei einer der beiden verbliebenen Victors, die beim Auftanken in Turbulenzen ihre Sonde zerbrach. Die verbleibende Vulcan konnte jedoch ihr Ziel bei Nacht erreichen und ihre 21 Bomben abwerfen. Alle Flugzeuge landeten sicher in Ascension, wobei die Vulcan fast sechzehn Stunden geflogen war. Insgesamt benötigte Black Buck One achtzehn Einsätze, die von fünfzehn Victors, zwei Vulcan und einer Nimrod geflogen wurden. Dabei wurden über zwei Millionen Pfund Treibstoff verbraucht (fast 260.000 kaiserliche Gallonen oder 925 Tonnen), und es wurden etwa siebzehn separate Luftbetankungen verzeichnet. Weitere vier Black Buck-Angriffe wurden durchgeführt, drei davon gegen die Start- und Landebahn und die Betriebsanlagen des Flugplatzes Stanley und zwei Anti-Radar-Einsätze mit Shrike-Raketen gegen ein Radar in der Gegend von Port Stanley. Während Black Buck 6 war eine Vulcan auf dem Rückflug gezwungen, nach Rio de Janeiro umzukehren, nachdem ihre Betankungssonde gebrochen war.

Der Sechzehn-Stunden-Einsatzrekord hielt bis 2001, als die Northrop B-2 »Spirit of America« nach dem Terroranschlag vom 11. September 2001 zu einem Bombenflug von der Whiteman Air Force Base in Missouri zu Zielen in Afghanistan benötigt wurde. Aus Sicherheitsgründen wurde der Flug über den Pazifischen Ozean umgeleitet. Eine erste Luftbetankung erfolgte über der Westküste Kaliforniens, dann ermöglichten zwei weitere Betankungen der B-2, den saudi-arabischen Luftraum zu erreichen, wo eine weitere Betankung geplant war, bevor sie in die Kampfzone in Afghanistan einflog. 16 JDAM-Laserbomben (Joint Direct Attack Munitions) wurden auf Ziele abgeworfen, und nachdem der Bomber etwa zwei Stunden über feindlichem Gebiet verbracht hatte, steuerte er das letzte Tankflugzeug an, das ihn mit Treibstoff für die letzte Etappe der Reise versorgen sollte. Da die Besatzung noch 4 JDAM an Bord hatte, wurde sie zu einem weiteren Bombenangriff aufgefordert. Dieser wurde durchgeführt, wodurch sich die ohnehin schon extrem lange Einsatzdauer um weitere zwei Stunden verlängerte. Eine letzte Luftbetankung ermöglichte es, den Flugplatz Diego Garcia zu erreichen. Insgesamt dauerte der Einsatz über 44 Stunden, der längste jemals aufgezeichnete Bombenangriff. Ein weiterer extrem langer Einsatz fand 2011 statt, als drei B-2 Spirit-Bomber die Mission Odyssey Dawn absolvierten, einen 11.418 Meilen langen Hin- und Rückflug von der Whiteman Air Force Base nach Libyen, wo sie Ziele der Truppen von Oberst Gaddafi trafen. Die Operation hatte zum Ziel, gehärtete Schutzräume zu zerstören, die von libyschen Flugzeugen genutzt werden. Die drei Bomber warfen insgesamt 45 satellitengesteuerte Bomben auf libysche Flugzeugbunker ab, bevor sie die 5.709 Meilen lange Reise zurück nach Missouri antraten, ein 25-stündiger Nonstop-Flug.

Die Betankung des Vulcan-Bombers zur Erreichung der Falkland-Inseln, war der Schlüssel zur komplexesten Luftbetankungsmission der Geschichte.

Die Betankung von Victor zu Victor war ebenso wichtig: Die Tanker mussten andere Tanker betanken, um sicherzustellen, dass sie das Ziel erreichten, und dann zur Basis zurückkehren, während eine weitere Welle begann, um die Betankung auf dem Rückweg zur Vulcan und den Victor-Tankern sicherzustellen.

Der längste Flug der Geschichte

Die Betankung eines Flugzeugs im Flug ist nicht nur mit einem Tankflugzeug möglich. Nach dem Zweiten Weltkrieg begann eine Begeisterung für die Durchführung unglaublich langer Flüge mit kleinen Flugzeugen, wobei leichte Flugzeuge, die nicht für die Betankung durch ein Tankflugzeug vorgesehen waren, von Privatpersonen gesteuert wurden. So gab es eine Reihe von Extremflügen, bei denen die Betankung während des Fluges durch ein Auto, das Kanister an ein parallel fliegendes Flugzeug weitergab, oder sogar durch einen Lastwagen, der Treibstoff in eine Cessna über dem Boden pumpte, erreicht wurde. Am 24. August 1949 starteten Bob Woodhouse und Woody Jongeward in Yuma, Arizona, in der Aeronca Sedan namens City of Yuma zu einem Flug, der auf die Wiedereröffnung des nach dem Krieg geschlossenen Yuma Army Airfield aufmerksam machen sollte. Ihr Ziel war es, 1.010 Stunden in der Luft zu bleiben, was auch der Name des Tankwagens, eines Buick Cabriolets von 1948, wurde. Die Piloten arbeiteten in Vier-Stunden-Schichten am Steuer und kehrten zwei- bis dreimal täglich zum Flughafen von Yuma zurück, um den Buick aufzutanken. Während des Fluges standen die Piloten in Kontakt mit dem nationalen Radio, das sie über ihr Zwei-Wege-Gerät interviewte. Sie übermittelten Einzelheiten darüber, wie sie es schafften, zu essen, zu schlafen und auf die Toilette zu gehen, eine von den Journalisten sehr gefragte Information. »Wir hatten diese doppelten Taschen, und ich habe immer gescherzt, dass wir über Kalifornien fliegen und sie wegwerfen würden«, erklärten sie. Nach 1.124 Stunden und 17 Minuten in der Luft – also fast 47 Tagen - landeten sie erfolgreich und erreichten, dass der Flugplatz in Yuma wieder geöffnet wurde. Ihr Rekord wurde von Jim Heth und Bill Burkhart übertroffen, die 1958 1.200 Stunden und 19 Minuten, also 50 Tage, über Dallas in der Luft blieben. Sie tankten zweimal am Tag von einem Lastwagen aus, der die Startbahn des Dallas Redbird Airport hinunterfuhr, und ließen ein Seil herab, um Benzinkanister und Vorräte zu holen. Der nächste Rekord sollte sich als der bisher längste Flug der Geschichte erweisen. Er fand nur wenige Monate später statt. Es sollte ein Werbeflug für das Hacienda Hotel in Las Vegas, Nevada, sein. Das Hotel befand sich in einer abgelegenen Gegend des florierenden Las Vegas, und es wurde etwas Werbung benötigt. Ein Spielautomatenmechaniker namens Bob Timm und ein Linienpilot namens John Wayne Cook wurden vom Hotelbesitzer angeheuert, der eine Cessna 172 zur Verfügung

Die Aeronca Sedan City of Yuma wird während ihres 47-tägigen Rekordfluges von einem Cabrio-Buick per Hand aufgetankt.

stellte, auf der in großen Buchstaben auf beiden Seiten des Rumpfes »Hacienda Hotel« zu lesen war. Außerdem sollte der Flug Geld für die Damon Runyon Cancer Research Foundation einbringen. Bei den ersten drei Versuchen, die bis zu 17 Tage dauerten, musste das Flugzeug wegen mechanischer Probleme vorzeitig abgestellt werden. Zu den Modifikationen an der Cessna 172 gehörten ein 95-Gallonen-Sorenson-Bauchtank, eine ziehharmonikaförmig aufklappbare Tür für den Kopiloten, eine vier mal vier Fuß große Schaumstoffunterlage anstelle des Kopilotensitzes und Rohrleitungen, die durch die Brandmauer führten, um Ölwechsel während des Fluges zu ermöglichen. Die beiden Piloten starteten am 4. Dezember 1959 vom McCarran Field in Las Vegas. Ein Ford-Truck mit einem Kraftstofftank und einer Pumpe versorgte das Flugzeug auf einem gesperrten Straßenabschnitt in der Wüste in der Nähe von Blythe, Kalifornien. Die Person, die auf dem Co-Pilotensitz saß, hängte eine kleine Plattform zwischen Rumpf und Flügelstrebe aus dem Fenster, so dass sie aus dem Flugzeug steigen und auftanken konnte. Es dauerte etwa drei Minuten, den Tank zu füllen. Verständlicherweise begann die Cessna unter dem extremen Flug zu leiden. Sie verloren den Generator, den Drehzahlmesser, den Autopiloten, die Kabinenheizung, die Lande- und Rolllichter und die Tankanzeige im Bauch des Flugzeugs, dachten aber nie daran, den Flug abzubrechen.

Das Auftanken von Lebensmitteln erfolgte von Hand, indem Essen und Getränke direkt an die überfliegende Cessna übergeben wurden.

Im Flugzeug war ein kleines Waschbecken zum Rasieren und Zähneputzen installiert, aber gebadet wurde mit einer Flasche Wasser, die draußen auf der Plattform stand. Das Essen wurde von der Küche der Hacienda zubereitet und beim Auftanken in die Cessna gebracht, ebenso wie Wasser, Handtücher und Wäsche. Obwohl sie den Rekord am 23. Januar brachen, beschlossen die beiden, weitere 17 Tage in der Luft zu bleiben, um sicherzugehen, dass ihnen niemand den Rekord streitig macht.

Der Rekord der Hacienda ist dazu bestimmt für immer zu bleiben. Luftfahrtkommissionen haben ähnliche Rekordversuche nach der unglaublichen Operation von Timm und Coock untersagt.

Bildnachweis

Seite	Bildnachweis
2	Ugo Vicenzi
4	All Photos: USAF Photo Public Domain
5	USAF via Arsenio Riseri Archive; Arsenio Riseri Archive
6	Tech. Sgt. Matthew Plew – USAF Public Domain
8	USAF Photo Public Domain; Christian Turner – USAF Photo Public Domain
9	USAF Photo Public Domain; US NAVY Photo Public Domain
10	Library of Congress via Picryl Public Domain;
11	Library of Congress via Picryl Public Domain; USAF Photo Public Domain
12	Library of Congress via Picryl Public Domain; USAF Photo Public Domain
13	All Photos: USAF Photo Public Domain
14	Arsenio Riseri Archive; USAF Photo Public Domain
15	Arsenio Riseri Archive
16	Arsenio Riseri Archive; Arsenio Riseri Archive
17	Arsenio Riseri Archive; Arsenio Riseri Archive
18	Arsenio Riseri Archive
19	RAF Museum
20	Renato Parassoni Archive
21	All Photos: Renato Parassoni Archive
22	All Photos: Ugo Vicenzi Archive
23	Arsenio Riseri Archive
24	Arpingstone Public Domain
25	Arsenio Riseri Archive; Arsenio Riseri Archive; Jean Francois Lipka
26	Ugo Vicenzi
27	Arsenio Riseri Archive; Sgt. Austin May - USAF Photo Public Domain; Bjorn Strey
28	USAF Photo Public Domain
29	USAF Photo Public Domain
30	USAF Photo Public Domain; USAF Museum Archive – Public Domain
31	USAF Museum Archive – Public Domain
33	USAF Photo Public Domain; USAF Museum Archive – Public Domain
34	USAF Museum Archive – Public Domain
35	All photos: USAF Photo Public Domain
36	USAF Photo Public Domain
37	USAF Photo Public Domain
38	Ken Hackman – USAF Photo Public Domain
39	USAF Photo Public Domain
40	Sgt. Lance Cheung – USAF Photo Public Domain; San Diego Air and Space Museum
41	SSgt. Bill Thompson – USAF Photo Public Domain; USAF Photo Public Domain
42	USAF Photo Public Domain
43	USAF Photo Public Domain; Sgt. Edward Eagerton – USAF Photo Public Domain
44	U.S. Navy National Museum of Naval Aviation;
45	All Photos: U.S. Navy National Museum of Naval Aviation
46	U.S. Navy National Museum of Naval Aviation; U.S. Navy National Museum of Naval Aviation; Renato Parassoni Archive
47	NASA Photo Public Domain; Christopher Stephens – U.S.Navy Public Domain
48	U.S.Navy Public Domain; Renato Parassoni Archive
49	U.S. Navy National Museum of Naval Aviation; Vernon Pugh – U.S.Navy Public Domain
50	U.S.Navy Public Domain
52	Arsenio Riseri Archive
54	Arsenio Riseri Archive; Ugo Vicenzi Archive
55	Arsenio Riseri Archive
56	USAF Photo Public Domain
58	USAF Photo Public Domain
59	Arsenio Riseri Archive; Arsenio Riseri Archive; Ugo Vicenzi (2)
60	All Photos: Ugo Vicenzi
61	Indian Air Force; Arsenio Riseri Archive
62	USAF Museum Archive – Public Domain
63	All Photos: USAF Photo Public Domain
64	All Photos: Arsenio Riseri Archive
65	Ugo Vicenzi; Ugo Vicenzi; USAF Photo Public Domain
66	Ugo Vicenzi
67	USAF Photo Public Domain
68	Jean Francois Lipka
69	Ugo Vicenzi; RAC MiG
70	Northrop Grumman Public Domain
71	Airbus Public Domain; USAF Photo Public Domain
72	TASS
73	U.S. Navy via Northrop Grumman Public Domain
74	Boeing BMT Public Domain; Boeing Public Domain
75	All Photos: Airbus Public Domain
76	Cpl Vicky Lefrancois – USAF Photo Public Domain
79	Commonwealth of Australia – Airbus Public Domain; Airbus Public Domain
80	Airbus Public Domain
81	All Photos: U.S.Navy Public Domain
83	Ugo Vicenzi Archive
84	Picryl Public Domain
85	All Photos: Ugo Vicenzi Archive
87	Milan Nykodym via Wikimedia Public Domain; Aeronautica Militare
88	Omar Rigamonti
89	USAF Photo Public Domain
90	Sgt. Victoria Nelson – USAF Photo Public Domain
91	Ugo Vicenzi
93	All Photos: Arsenio Riseri Archive
95	Ejercito del Aire; Arsenio Riseri Archive
96	Sebastian Barheier
97	EATC-Mil
98	Staff Sgt. Amy Abbott – USAF Photo Public Domain
99	Staff Sgt. Amy Abbott – USAF Photo Public Domain
100	Soulaho
101	Soulaho
102	Fuerza Aerea Argentina
103	Fuerza Aerea Argentina
105	U.S.Navy Public Domain; Airbus Public Domain
106	Royal Australian Air Force Public Domain
107	Ugo Vicenzi Archive
108	Ugo Vicenzi Archive; Johnson Barros
109	Ugo Vicenzi Archive; Johnson Barros
110	Ugo Vicenzi
111	Fuerza Aera de Chile; Ugo Vicenzi Archive
113	Wikimedia Commons mod.go.jp; Photo/81.cn
114	All Photos: Ugo Vicenzi
116	Ugo Vicenzi
117	All Photos: Ugo Vicenzi
118	All Photos: Ugo Vicenzi
119	U.S.Navy Public Domain; Lockheed Martin
120	Jean Francois Lipka
122	Groupe de Ravitaillement en Vol ‚Bretagne'; Jean Francois Lipka
124	Flamant; Lockheed Martin
125	Ugo Vicenzi
126	All Photos: Ugo Vicenzi
128	Arsenio Riseri Archive
129	Coolharrypotter; Indian Air Force
130	Bidgee
131	Ugo Vicenzi Archive
132	All Photos: Mirco Bonato
134	John Dzurica; Ugo Vicenzi Archive; Ugo Vicenzi Archive
135	Ugo Vicenzi
137	Aeronautica Militare

138	Ugo Vicenzi
139	All Photos: Ugo Vicenzi
140	All Photos: Ugo Vicenzi
142	Japan Air Self Defense Force Public Domain; Ugo Vicenzi Archive
143	Arsenio Riseri Archive
144	Arsenio Riseri Archive
145	Ugo Vicenzi Archive
146	Jenikirbyhistory Public Archive; Canadian Armed Forces
147	Arsenio Riseri Archive
148	Ugo Vicenzi Archive; U.S.Government Free Public Image
149	Papas Dos; Kuwait Air Force Public Domain
150	Master Films – Airbus Public Domain
151	Renato Parassoni Archive
153	Ministerie van Defensie; Ugo Vicenzi
155	All Photos: Arsenio Riseri Archive
156	Fuerza Aerea del Peru
157	Arsenio Riseri Archive
158	Ugo Vicenzi; Arsenio Riseri Archive
159	Sergey Kuzmishkin; Arsenio Riseri Archive
161	José Luis Celada Euba; Ugo Vicenzi Archive
162	Milan Nykodym
163	Arsenio Riseri Archive
164	Alert5
165	Ugo Vicenzi Archive
166	Ejercito del Aire; Ugo Vicenzi Archive
167	Omar Rigamonti; Ugo Vicenzi
168	Arsenio Riseri Archive
169	Ugo Vicenzi Archive; Pablo Cabellos – Airbus Public Domain
171	Arsenio Riseri Archive; aceebee
172	Embraer
173	Steve Knight
175	Omar Rigamonti; Paul Crouch – RAF Brize Norton Photographic Section
176	Christopher Tho – USAF Public Domain
177	Christopher Tho – USAF Public Domain
182	All Photos: USAF Public Domain
183	Arsenio Riseri Archive
184	Sgt. Veronica Montes – USAF Public Domain; USAF Public Domain
185	All Photos: Ugo Vicenzi
186	All Photos: Ugo Vicenzi
187	Ugo Vicenzi
188	Ugo Vicenzi
190	All Photos: U.S.Navy Public Domain
191	Kelly Chase, USMC Public Media; Kate Meurerer – USAF Public Domain; USMC Photo – Public Domain
192	Arsenio Riseri Archive; Rob Schleiffert
194	Ugo Vicenzi
195	Ugo Vicenzi
196	All Photos: Ugo Vicenzi
198	NASA Photo via Picryl Public Domain
199	Omega Air Refueling Public Domain
200	Military public domain
202	Ugo Vicenzi
203	All Photos: Arsenio Riseri Archive
204	Howard Cannon Museum
205	All Photos: Howard Cannon Museum
207	Ugo Vicenzi

Der Autor

Ugo Vicenzi wurde 1958 geboren. Der Ingenieur für Luft- und Raumfahrt arbeitete zunächst als Konstrukteur von Rennmotoren für Motorräder und von Kunststoffformen für Flugzeugmodelle, bevor er zu IBM wechselte, wo er ein Vierteljahrhundert lang als technischer Vertriebsspezialist für die Luft- und Raumfahrt und die Automobilindustrie tätig war. Die Tätigkeit setzte sich im Luftfahrtbereich bei Dassault Systemes fort, wobei er stets in Kontakt mit den Unternehmen dieser Branchen blieb.

Aufgrund seines besonderen Interesses an den technischen und historischen Aspekten der Luftfahrt begann Ugo schon als junger Mann mit Luftfahrtmagazinen und -verlagen zusammenzuarbeiten und lieferte sowohl Forschungsmaterial und Fotoreportagen als auch zahlreiche Artikel und Kooperationen.

Als preisgekrönter Fotograf und freiberuflicher Journalist, der sich auf Motorsport und Luftfahrt spezialisiert hat, fand er Luftfahrtthemen schon immer sowohl technisch als auch fotografisch faszinierend und interessant.

Die ersten Fotoaufträge begannen 1976, und nach mehr als 40 Jahren Interesse an diesem Bereich sind die Aufregung, ein Luftfahrtthema zu verfolgen oder Material für einen Artikel zu produzieren, sowie die Recherche immer noch ein Hauptantrieb seiner Leidenschaft.